ESR-Spektroskopie und Spektroelektrochemie zur Untersuchung kurzlebiger Intermediate von Übergangsmetallkomplexen

AF513894

ESR-Spektroskopie und Spektroelektrochemie zur Untersuchung kurzlebiger Intermediate von Übergangsmetallkomplexen

Inaugural-Dissertation

zur

Erlangung des Doktorgrades

der Mathematisch-Naturwissenschaftlichen Fakultät

der Universität zu Köln

vorgelegt von

Kathrin Stirnat

aus Wickede (Ruhr)

Köln 2015

Bibliografische Information der Deutschen Nationalbibliothek

Die Deutsche Nationalbibliothek verzeichnet diese Publikation in der Deutschen Nationalbibliografie; detaillierte bibliografische Daten sind im Internet über http://dnb.d-nb.de abrufbar.

1. Aufl. - Göttingen: Cuvillier, 2015

Zugl.: Köln, Univ., Diss., 2015

Berichterstatter: Prof. Dr. Axel Klein

Prof. Dr. Sanjay Mathur

Tag der mündlichen Prüfung: 17.04.2015

© CUVILLIER VERLAG, Göttingen 2015
Nonnenstieg 8, 37075 Göttingen

Telefon: 0551-54724-0

Telefax: 0551-54724-21

www.cuvillier.de

Alle Rechte vorbehalten. Ohne ausdrückliche Genehmigung des Verlages ist es nicht gestattet, das Buch oder Teile daraus auf fotomechanischem Weg (Fotokopie, Mikrokopie) zu vervielfältigen.

1. Auflage, 2015

Gedruckt auf umweltfreundlichem, säurefreiem Papier aus nachhaltiger Forstwirtschaft.

ISBN 978-3-7369-9108-8

eISBN 978-3-7369-8108-9

Dank

Zuerst möchte ich mich bei meinem Doktorvater Herrn Prof. Dr. Axel Klein für die Aufnahme in seinen Arbeitskreis, die Bereitstellung des interessanten Themas und seine stete Unterstützung bedanken.

Herrn Prof. Dr. Sanjay Mathur danke ich für die Übernahme des Korreferats. Frau Prof. Dr. Annette Schmidt danke ich für die Übernahme des Prüfungsvorsitzes und Herrn Dr. Ingo Pantenburg für die Übernahme des Prüfungsbeisitzes.

Darüber hinaus bedanke ich mich bei DFG, DAAD, CONICET, MinCyT für die finanzielle Unterstützung meiner Auslandsaufenthalte in Argentinien in den Jahren 2011 und 2013.

Bedanken möchte ich mich ebenso bei allen Mitarbeitern der Analytikabteilungen, besonders Dr. Ingo Pantenburg für Untersuchungen von Einkristallen mittels Röntgenbeugung, Daniela Nauman für Hilfe bei den NMR-Messungen, Silke Kremer für die Messungen der Elementaranalysen.

Ich danke Herrn Dr. Wieland Tyrra für stets ein offenes Ohr, viele hilfreiche Ratschläge und eine schöne Zusammenarbeit bei verschiedensten Praktika.

Meinen ehemaligen und aktuellen Kollegen aus dem Arbeitskreis Klein danke ich für die gute Zusammenarbeit während der letzten Jahre, viele gute Ratschläge und die schöne Zeit auch außerhalb der Arbeit. Besonders möchte ich dabei bei Alexander Krest für seine Hilfe bei kristallographischen Problemen bedanken.

Dem AK Ruschewitz für eine angenehme Zusammenarbeit. Besonders danke ich Miriam Sobieray für die Hilfe bei der Aufnahme der Röntgenpulverdiffraktogramme.

Ich danke der Arbeitsgruppe um Prof. Dr. Fabio Doctorovich dafür, dass sie mich zweimal herzlich aufgenommen haben.

Besonderer Dank gilt meinen Freunden, die mich immer unterstützt und an mich geglaubt haben. Dabei möchte ich vor allem André Uthe, Andreas Schüren, Christian Biewer, Anna Lüning, Stephanie Reimer, Miriam Sobieray, Simon Garbe, Aaron Sandleben und Nicolas Vogt erwähnen, ohne die diese Zeit nicht das gleiche gewesen wäre.

Vor allem aber noch Alexander Stoffels für seine Geduld, Ehrlichkeit, Motivation und Unterstützung über so viele Jahre.

Zum Schluss gilt mein Dank meiner Familie für ihre Unterstützung während des gesamten Studiums und besonders meiner kleinen Schwester für ihre Aufmunterungen und dafür, dass es sie gibt.

Abstract

The subject of the presented work is synthesis and characterisation of transition metal complexes of iron, iridium and nickel. EPR spectroscopy as well as spectro-electrochemical methods was applied for the investigation of electronic states in transition metal complexes some of which are labile.

The synthesis of the iron-complex $(PPh_4)[(bpy)Fe(CN)_3(NO)]$ could be reproduced successfully. The assumption of the system being $\{Fe(NO)\}^7$- or $\{Fe^{II}(NO^\bullet)\}$ type was validated using a variety of combined spectroscopic (EPR, UV/vis- and IR) and spectro-electrochemical methods. The oxidation leading to a $\{Fe(NO)\}^6$ system is reversible on the time scale of all applied methods and the spectroscopic data shows the features of a $\{Fe^{II}(NO^+)\}$-system. The reduction to a $\{Fe(NO)\}^8$ system is irreversible and no information could be obtained regarding the nature of the resulting product.

The reaction of the $\{Ir(NO)\}^6$-type complex $[IrCl_5(NO)]^-$ with different primary amines yielding a number of stable complexes $[IrCl_5(N(O)N(H)R)]^{2-}$ containing otherwise unstable primary aliphatic nitrosamines as ligands. The decomposition of these complexes by OH^- cleavage upon treatment with acids was already known to yield diazonium complexes. This work gives detailed insight into the behaviour of the nitrosamine complexes upon electrochemical and chemical oxidation using a combination of analytical methods. The electrochemical oxidation is reversible on the time scale of cyclic voltammetry. UV/vis-spectroscopic measurements could prove that the products of the electrochemical as well as the chemical oxidation are identical. NMR spectroscopy after chemical oxidation clearly hints towards the formation of a diazonium complex. This shows that chemical as well as electrochemical oxidation yields the same diazonium complex that was observed after acid treatment, but with different compounds being formed in the process. Upon oxidative activation, the formation of the diazonium complex occurs after cleavage of an $^\bullet OH$ radical.

Five new ligands based on 2,5-bis(1-phenyliminoethyl)pyrazine (bpip) were designed, synthesised and thoroughly characterised for the synthesis of $[(\mu\text{-}N^\wedge N)\{Ni(Mes)Br\}_2]$ type binuclear Ni(II) complexes. However, the isolation of those complexes was not possible due to the electron deficient character of the ligands. It could be shown that these complexes can be investigated without isolation using *in situ* synthesis or titration methods. Unlike most known complexes of methyl-substituted derivatives of the bpip ligands, these complexes show higher wavelength absorptions and higher reduction potentials. This should slow down the rate of cleavage of the bromido ligand compared to the known complexes of that type, which makes those compounds promising being potential catalysts for C–C cross-coupling reactions.

Two new penta-coordinated Ni(II) complexes $[(terpy)Ni(CF_3)_2]$ and $[(\textit{t}Bu_3terpy)Ni(CF_3)_2]$ were synthesised and characterised. Those complexes can be electrochemically oxidised to yield a $[(R_3terpy)Ni(CF_3)_2]^{\bullet+}$ type Ni(III) complex that was investigated using EPR spectroscopy. The Ni(III) complex decomposed under formation of a cationic $[(R_3terpy)Ni(CF_3)]^+$ complex and a $^{\bullet}CF_3$ radical. The formation of this radical could be proven using spectro-electrochemical EPR spectroscopy in the presence of a PBN spin-trap.

Kurzzusammenfassung

Die vorliegende Arbeit befasst sich mit der Synthese und Untersuchung von Übergangsmetallkomplexen des Eisens, des Iridium und des Nickels. ESR-Spektroskopie und spektroelektrochemische Methoden wurden eingesetzt, um Elektronenzustände in den teilweise labilen Übergangsmetallkomplexen aufzuklären.

Der Eisenkomplex $(PPh_4)[(bpy)Fe(CN)_3(NO)]$ konnte erfolgreich reproduziert werden. Die Annahme eines $\{Fe(NO)\}^7$- bzw. $\{Fe^{II}(NO^{\bullet})\}$ Systems wurde durch verschiedene kombinierte spektroskopische (ESR, UV/vis- und IR) und (spektro)elektrochemische Methoden bestätigt. Die Oxidation zum $\{Fe(NO)\}^6$-System verläuft auf den Zeitskalen aller Messungen reversibel, spektroskopische Daten zeigen ein $\{Fe^{II}(NO^+)\}$-System an. Die Reduktion zum $\{Fe(NO)\}^8$-System verläuft irreversibel und liefert keine weiteren Hinweise auf die Art des entstehenden Produkts.

Der $\{Ir(NO)\}^6$-Komplex $[IrCl_5(NO)]^-$ wurde mit Aminen zu verschiedenen Nitrosaminkomplexen umgesetzt. Dies dient der Stabilisierung der primären aliphatischen Nitrosaminen. Die Dekomposition zu Diazoniumkomplexen unter Abspaltung von OH^- durch Umsetzung mit Säure war bereits bekannt. Nun wurde mit Hilfe umfassender kombinierter Messungen gezeigt, wie sich der Nitrosaminkomplex bei elektrochemischer sowie chemischer Oxidation verhält. Die elektrochemische Oxidation verläuft auf der Zeitskala der Cyclovoltammetrie reversibel. Die UV/vis-spektroskopischen Messungen ergaben, dass die elektrochemische als auch die chemische Oxidation das gleiche Produkt ergibt. NMR-Spektren der chemischen Oxidation lieferten einen klaren Hinweis auf die Entstehung des Diazoniumkomplexes. Somit entsteht bei elektrochemischer und chemischer Oxidation das gleiche Produkt wie durch die Umsetzung mit einer Säure, der Diazoniumkomplex, allerdings bei der oxidativen Aktivierung unter Abspaltung eines OH-Radikals.

Zur Synthese von zweikernigen Ni(II)-Komplexen des Typs $[(\mu N\textasciicircum N)\{NiMesBr\}_2]$ wurden auf der Basis von 2,5-Bis(1-phenyliminoethyl)pyrazin (bpip) fünf neue Liganden entworfen, synthetisiert und ausführlich charakterisiert. Eine Isolation der Komplexe mit diesen Liganden war aufgrund ihres elektronenarmen Charakters nicht möglich. Es konnte gezeigt werden, dass solche Komplexe auch ohne Isolation durch *in situ* Synthese oder Titration umfassend untersucht werden können. Gegenüber den bereits bekannten Komplexen mit methylsubstituierten Derivaten des bpip-Liganden, weisen diese Komplexe eine langwelligere Absorption, sowie ein höheres Reduktionspotential auf. Daher kann von einer langsameren Bromidabspaltung als bei den bisher bekannten Komplexen ausgegangen werden, was diese Komplexe auch für C–C-Knüpfungskatalyse interessant macht.

Es wurden zwei neue fünffach koordinierte Ni(II)-Komplexe $[(terpy)Ni(CF_3)_2]$ und $[(tBu_3terpy)Ni(CF_3)_2]$ synthetisiert und charakterisiert. Diese Komplexe lassen sich derart chemisch oder elektrochemisch oxidieren, dass ein Ni(III)-Komplex $[(R_3terpy)Ni(CF_3)_2]^{\bullet +}$ entsteht, welcher ESR-spektroskopisch untersucht wurde. Der Ni(III)-Komplex zerfällt in einen kationischen Komplex $[(R_3terpy)Ni(CF_3)]^+$ und ein CF_3-Radikal. Dieses Radikal konnte mittels PBN-Spin-Trap unterstützter, spektroelektrochemischer ESR-Messungen einwandfrei nachgewiesen werden.

Inhaltsverzeichnis

1. Einleitung - Untersuchungen zur Lokalisierung von ungepaarten Elektronen in Komplexen

Seit Mitte des 19. Jahrhunderts werden metallorganische Verbindungen trotz ihres oft luftempfindlichen Charakters gehandhabt und charakterisiert. Zunächst wurden Organometallkomplexe studiert, um Radikale zu erzeugen und zu untersuchen sowie um ihre Eigenschaft als Alkylüberträger zu nutzen.[1] Neben ihrer bis heute vielfach genutzten Eigenschaft Alkyl- oder Aryl-Reste zu übertragen, zeigen metallorganische Verbindungen aber auch häufig interessante Elektronentransfer-Eigenschaften.[2] Auch diese Eigenschaft macht sie heute vielseitig in der organischen Chemie und in der Katalyse einsetzbar.

Zu den grundlegenden Abläufen chemischer Reaktionen gehört die Übertragung von Elektronen.[3] In den meisten Fällen einer Elektrontransfer-Reaktion (Redox-Reaktion) treten ungepaarte Elektronen auf, was daran liegt, dass diese, wie Protonen bei Brønsted-artigen Säure-Base-Reaktionen, einzeln übertragen werden.[4,5] Das gilt strenggenommen auch für Reaktionen wie sie in Standard-Werken abgelegt sind, wie z.B. die Oxidation von Chrom zu Chrom(III): $Cr^0 \leftrightarrows Cr^{3+} + 3e^-$,[6] sowie für Multi-Elektronen-Prozesse wie die Aktivierung von N_2, besser als Reduktion von N_2 zu NH_4^+ beschrieben: $N_2 + 10\ H^+ + 8e^- \rightarrow 2\ NH_4^+ + H_2$.[7]

Die Arbeiten von *Taube* und *Marcus*, welche 1984 und 1992 mit einem Nobelpreis versehen wurden, haben durch ihre mathematisch-theoretische Betrachtung, grundlegend zu dem Verständnis solcher Elektronentransferprozesse beigetragen.[4,8,9]

Eine interessante Frage bei Elektrontransfer-Reaktionen ist daher, wo diese ungepaarten Elektronen lokalisiert sind. Da die meisten Elektrontransfer-Reaktionen von diamagnetischen Stoffen ausgehen und meist zunächst ein Elektron übertragen wird, kann man sich daher vereinfachend auf die Entstehung von Übergangspezies mit einem ungepaarten Elektron beschränken. Diese Radikale sind paramagnetisch und haben einen Gesamtspin von $S = \frac{1}{2}$.

Es hängt stark von der Art des Stoffes ab, ob das ungepaarte Elektron auf einem Atom lokalisiert ist, oder über viele Atome delokalisiert vorliegt. Die Anzahl der Atome einer Verbindung ist dabei kein Maß für den Grad der Delokalisierung. Ist das ungepaarte Elektron bei einem Chlorradikal $Cl^\bullet$ auf das Chloratom beschränkt, so ist es bereits in einer zweiatomigen Verbindung wie einem Nitrosylradikal $NO^\bullet$ nicht mehr trivial wo das Elektron sich aufhält (vgl. Abbildung 1). Über beide Atome gleichermaßen verteilt liegt es nicht vor, wie die Lewis-Formel suggeriert, schließlich haben N und O unterschiedliche Elektronegativitäten. Daher wird die Strukturformel, mit mehr Elektronen auf dem O-Atom, einen größeren Beitrag zur realen Beschreibung leisten. Noch komplizierter wird es, wenn Nitrosyl in Komplexen koordiniert vorliegt, wie etwa in $[Fe(bpy)(CN)_3(NO)]^-$ (Kapitel 3).[10] Dort könnte das Elektron auf weitere Liganden oder das Eisenion teilweise delokalisiert werden.

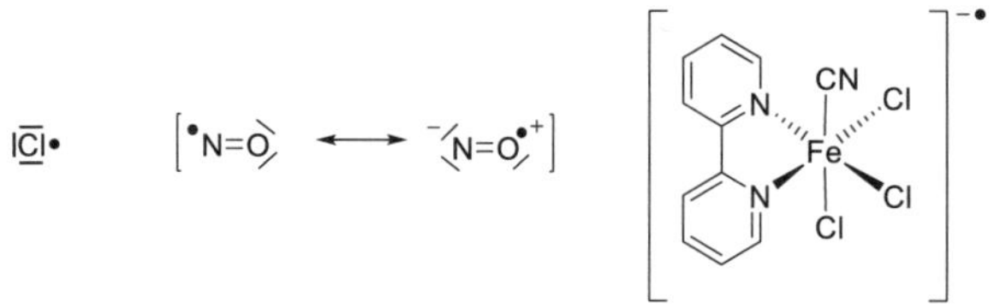

Abbildung 1: Lokalisierung/Delokalisierung von ungepaarten Elektronen verschiedener Verbindungsklassen.

Der Umstand, dass der Aufenthaltsort eines Elektrons vor allem in Komplexen nicht genau bestimmt werden kann, führte zur Einführung des Begriffs der Nicht-Unschuld (noninnocence) durch *Jørgensen* und dessen Weiterentwicklung von *Ward*, *McCleverty* und *Wieghardt*.[11–13] Die Bezeichnung "noninnocent ligand" betrifft redoxaktive Liganden, die durch ihre ambivalente Elektronenverteilung dazu führen, dass die Oxidationsstufen von Metall wie Ligand in Komplexen nicht eindeutig bestimmt werden können. Daher ist es in Übergangsmetallkomplexen besonders schwer festzustellen, wo sich das Elektron befindet.

Delokalisierung eines ungepaarten Elektrons führt im Allgemeinen zu Stabilisierung des Radikals und typische Radikalreaktionen, wie Dimerisierung oder H-Abstraktion bleiben aus. Dies konnte für radikalische Liganden in Metallkomplexen festgestellt werden.[14,15] Dasselbe gilt für sehr große π-Systeme in denen Elektronen über viele Atome delokalisiert werden. So ist etwa das Pyren-Radikalanion sehr stabil im Vergleich zum Benzol-Radikalanion. Aber auch in solchen ungesättigten Systemen besteht keine vollständige Delokalisation über alle Atome in gleichem Maße. Dieses einfache Bild einer vollständigen Delokalisation mag auf manche Festkörper mit elektronischer Bandstruktur zutreffen, in Molekülen gibt es allerdings immer große Unterschiede im Ausmaß der Beteiligung an der Delokalisierung. In Hückel-aromatischen Systemen entspricht dieses Ausmaß dem sogenannten Hückel-Koeffizienten.[16] In Termen der MO-Theorie wird gefragt, welche Atome sich in welchem Maße am sogenannten einfach besetzten Molekül-Orbital (Singly Occupied Molecular Orbital oder SOMO) des Moleküls beteiligen. Für die physikalischen und chemischen Eigenschaften ist der Charakter dieses SOMO, das sich zwischen dem höchsten besetzten MO (Highest Occupied MO oder HOMO) und dem niedrigsten unbesetzten MO (Lowest Unoccupied MO oder LUMO) befindet, sehr wichtig, entscheidet die Lokalisierung des Elektrons doch ganz erheblich über

Eigenschaften wie z.B. Redoxpotential, Elektrophilie oder Nukleophilie. Im Fall einer eingetretenen Reduktion ist das SOMO das vormalige LUMO, bzw. das vormalige HOMO im Fall einer eingetretenen Oxidation.

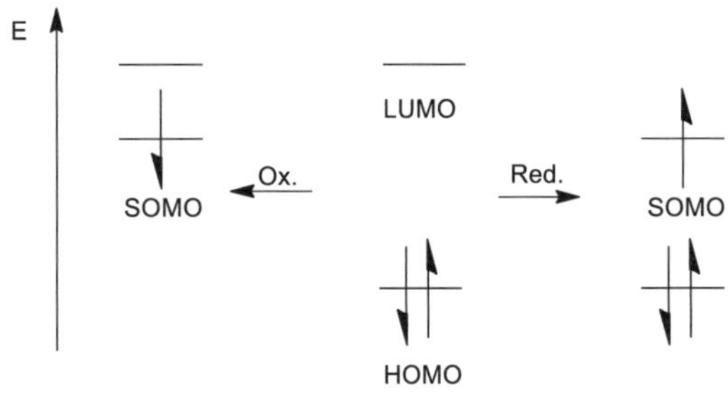

Abbildung 2: Schematische Darstellung von HOMO, LUMO und SOMO.

Es bedarf also der genauen Untersuchung der individuellen (Elektronen)Struktur eines Radikals um über die Delokalisierung Aussagen machen zu können. Dazu bieten sich eine Reihe von spektroskopischen Methoden an. Zuvorderst steht dabei die ESR-Spektroskopie, da sie quantenchemisch exakt die Lokalisation des Elektrons in den Kopplungskonstanten abbildet.[17] ESR in Kombination mit magnetischen Messungen sind bei Multi-Spin-Systemen S > ½ hilfreich. Darüber hinaus eignen sich auch einfache spektroskopische Methoden die Veränderung in der Elektronendichte von Atomen (NMR, XANES), Bindungen (IR) oder ganzen Chromophoren (UV-vis-NIR-Absorption) ab zu bilden.

Die Anwendung dieser spektroskopischen Methoden in Kombination mit elektrochemischen Untersuchungen nennt man Spektroelektrochemie.[18] Dabei werden spektroskopische Veränderungen registriert, während die zu untersuchende Substanz elektrochemisch oxidiert oder reduziert wird. In den letzten Jahren haben es diese und andere spektroelektrochemische Methoden erlaubt, komplexe Redoxsysteme genauer zu untersuchen. Solche komplexen Redoxsysteme sind häufig Komplexe im Sinne eines Übergangsmetall-Komplexes und haben Bedeutung in chemisch-katalytischen Prozessen, biochemischen Katalysen (Metalloenzyme) oder in photochemischen Prozessen.

Sind paramagnetische Komplexe (Radikalkomplexe) stabil, können sie mit vielen weiteren analytischen und spektroskopischen Methoden untersucht werden, beispielsweise durch Röntgenbeugung an Einkristallen oder NMR. Der paramagnetische Charakter stört dabei nur wenig. Allerdings sind viele solcher Spezies nicht langzeitstabil und auch nur unter sehr inerten

Bedingungen handhabbar, daher sind die In-Situ-Methoden der Spektroelektrochemie häufig die einzige Möglichkeit, solche Spezies zu studieren. Strikte Kontrolle von Umgebung und Temperatur sind hier leicht möglich. Auch können hier gezielt Zerfallsreaktionen von wenig stabilen Spezies untersucht werden. Insgesamt eignet sich daher Spektroelektrochemie hervorragend für die Untersuchung von reaktiven Zwischenstufen.

In dieser Arbeit werden ESR-Spektroskopie, elektrochemische Messungen und Spektroelektrochemie verwendet, um an verschiedenen Übergangsmetallkomplex-Systemen die wichtigen Fragen zur Bildung von Radikal-Komplexen aus diamagnetischen Startverbindungen, zur Lokalisierung von ungepaarten Elektronen in solchen Komplexen und zur Stabilität bzw. Reaktivität solcher Spezies zu klären. Die Klärung dieser Fragen dient, neben der wissenschaftlichen Aufklärung, dem besseren Verständnis dieser Prozesse (meist Katalysen) und deren Optimierung.

2. Untersuchung des reaktiven Eisen-Nitrosyl-Komplexes $[(2,2'\text{-Bipyridin})Fe(CN)_3(NO)]^-$

2.1. Einleitung

Komplexe, die eine Nitrosylgruppe als einen der typischen nicht-unschuldigen Liganden (engl. non-innocent ligands) enthalten, erfreuten sich in der Vergangenheit großer Beliebtheit. Es wurden viele Versuche unternommen die Struktur sowie physikalische und chemische Eigenschaften von Übergangsmetall-Nitrosylkomplexen mit der formalen Oxidationsstufe der Nitrosylgruppe zu korrelieren. *Enemark* und *Feltham*[19] entwickelten eine Methode die MNO-Fragmente auf Grundlage der d-Orbitale des Metalls und der π^*-Orbitale des Nitroslys zu klassifizieren.

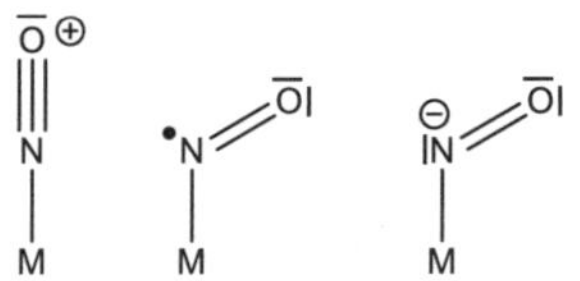

Abbildung 3: Die Nitrosylspezies NO^+, $NO^•$, NO^-.

Das Nitrosoniumion (NO^+) ist das am besten Untersuchte der drei in Abbildung 3 gezeigten Nitrosylspezies (NO^+, $NO^•$, NO^-). Daher wird in neuerer Zeit ein größerer Fokus auf die Darstellung und Charakterisierung der beiden reduzierten Formen $MNO^•$ und MNO^- (bzw. MNHO) gelegt. Somit besteht ein besonderes Interesse an der Konstruktion von Komplexen des Typs $[MX_5(NO)]$, welche den Nitrosylliganden im MX_5-Templat stabilisieren. Beispiele sind $[M(CN)_5(NO)]$ mit M = Fe, Ru[20–22] oder $\{MCl_5(NO)\}$ mit M = Ir.[23]

Speziell die Untersuchung von Eisen-Nitrosylkomplexen wird durch die biologische Bedeutung von Eisen und Nitrosyl schnell vorangetrieben.[24,25] Besonders im Fokus stehen Untersuchungen des sehr reaktiven Nitrosylmoleküls, da dieses als Neurotransmitter fungiert. Als besonders stabile Bausteine haben sich Oligocyano-Eisenkomplexe der Zusammensetzung $[Fe(CN)_n]^m$ mit $5 \geq n \geq 3$ erwiesen. So wie zum Beispiel in Pentacyanonitrosylferrat(II), welches auch unter dem Namen Nitroprussid bekannt ist und in der medizinischen Anwendung als hoch effektiver blutdrucksenkender Wirkstoff verwendet wird.[26] Der Effekt beruht auf der physiologisch gesteuerten Freigabe eines NO-Moleküls. Des Weiteren finden Oligocyano-Eisenkomplexe eine weitgefächerte Anwendung als Baustein in der Koordinationschemie.[27] In der präparativen Chemie wird Nitroprussid zur Stabilisierung aromatischer Diazoniumsalze eingesetzt,[28] da es zum einen die Möglichkeit bietet, das koordinierte Nitrosyl in Form von NO^+, $NO^\bullet$ oder auch NO^-/HNO freizugeben und zum anderen Nitrosylierungsreaktionen eingehen kann.

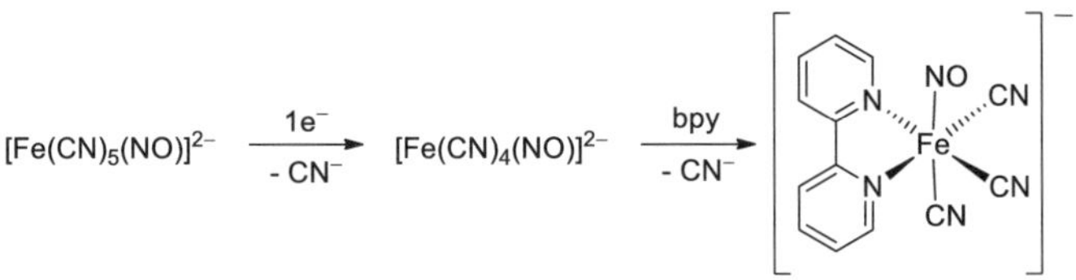

Schema 1: Synthese des Komplexes $[(bpy)Fe(CN)_3(NO)]^-$.

Die Reduktion von $Na_2[Fe(CN)_5(NO)]$ führt zu $[Fe(CN)_5(NO)]^{3-}$, welches sehr reaktiv ist und sowohl $NO^\bullet$ als auch CN^- abspaltet. Modifikationen des Nitropussids versuchen die $NO^\bullet$-Abspaltung selektiver zu gestalten, dazu müssen diese $\{Fe(NO)\}^7$-Komplexe jedoch stabilisiert werden. Dazu bieten sich zum Beispiel α-Diimin-Liganden an, die durch π-Rückbindung hohe Elektronendichte teilweise kompensieren können. Mit diesem Ansatz wurde der Komplex $[(bpy)Fe(CN)_3(NO)]^-$ (bpy = 2,2'-Bipyridin) von *Fiedler* und *Mašek*[20,29,30] aus $Na_2[Fe(CN)_5(NO)]$ ($\{Fe(NO)\}^6$) durch Reduktion mit Dithionit und Umsetzung mit bpy dargestellt und als $\{Fe(NO)\}^7$ beschrieben (siehe Schema 1). Das elektrochemische Verhalten dieser Verbindung wurde mittels Polarographie untersucht. Des Weiteren lassen spektroskopische und magnetische Messungen den Schluss zu, dass der Komplex sich wahrscheinlich aus einem low spin Fe(II) und einem $NO^\bullet$ zusammensetzt.

Im Rahmen dieser Arbeit sollen durch weiterführende Analytik die von *Fiedler* und *Mašek* erhaltenen Ergebnisse zu dem Komplex $[(bpy)Fe(CN)_3(NO)]^-$ verifiziert werden. Es soll festgestellt werden, inwieweit die Beschreibung des Komplexes als $\{Fe(NO)\}^7$-System zutrifft.

2.2. Darstellung und Diskussion der Ergebnisse

Dieses Projekt wurde in einer Kooperation mit der Arbeitsgruppe von Prof. *Dr. F. Doctorovich*, Universidad de Buenos Aires, Buenos Aires, Argentinien durchgeführt.

Der von *Fiedler* und *Mašek* 1984-1986 untersuchte und als $\{Fe(NO)\}^7$-System beschriebene Komplex $(PPh_4)[(bpy)Fe(CN)_3NO]$ (bpy = 2,2'-Bipyridin) wurde in Anlehnung an bekannte Vorschriften[20,29,30] reproduziert. Die Synthese verläuft über eine Ligandenaustauschreaktion zweier Cyanidoliganden mit dem Diimin-Chelatliganden bpy, ausgehend von

Natriumnitroprussit und anschließender Ausfällung als Tetraphenylphosphonium-Salz (PPh_4^+). Als Indikator für die Vollständigkeit der Reaktion dienen die IR-Banden, die sich gegenüber dem als Ausgangsmaterial verwendeten Nitroprussit ν(N=O) 1635 cm^{-1} und ν(C≡N) 1935 cm^{-1} zu ν(N=O) 1642 cm^{-1} und ν(C≡N) 2108 cm^{-1} verschieben. Aufgrund einer strikten Kontrolle der Reaktionsatmosphäre, konnte der Komplex als braunes kristallines Pulver mit einer Ausbeute von 47% erhalten werden.

2.2.1. **Elektrochemische Untersuchungen**

Von der Verbindung lagen bislang nur polarographische Messungen vor, daher war es naheliegend eine vollständige elektrochemische Charakterisierung durch cyclische Voltammetrie in verschiedenen Lösungsmitteln durchzuführen.

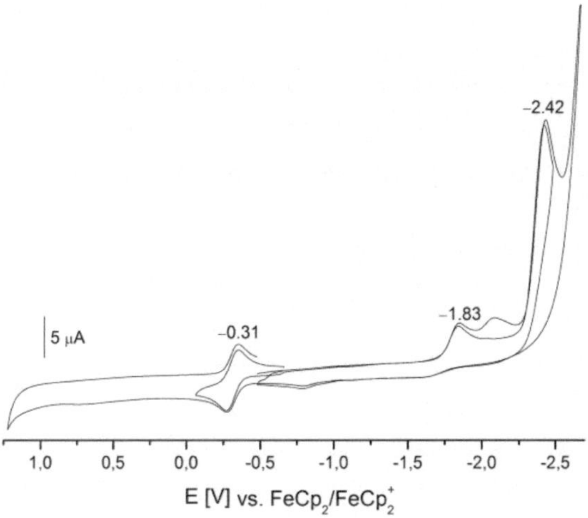

Abbildung 4: Cyclovoltammogramm von $(PPh_4)[(bpy)Fe(CN)_3NO]$ gemessen in CH_2Cl_2/$n$$Bu_4NPF_6$ mit einer Vorschubgeschwindigkeit von 100 mV/s gegen das Redoxpaar $FeCp_2/FeCp_2^+$.

Das Cyclovoltammogramm (Abbildung 4) wurde in CH_2Cl_2/$n$$Bu_4NPF_6$ mit einer Vorschubgeschwindigkeit von 100 mV/s aufgenommen. Es zeigt gegenüber dem Redoxpaar $FeCp_2/FeCp_2^+$ eine reversible Oxidation bei –0,31 V, sowie zwei irreversible Reduktionen bei –1,83 V und –2,42 V. Bei den polarographischen Messungen in wässrigem Medium beschrieben *Fiedler* und *Mašek* [20,29] eine irreversible, drei Elektronen umfassende, Reduktion bei einem Potential von –0,58 V vs. SCE (–0,42 V vs. $FeCp_2/FeCp_2^+$).[31] Analog zu $[Fe(CN)_5(NO)]^{3-}$ reagiert der Nitrosylligand im $[(bpy)Fe(CN)_3NO]^-$ zu Hydroxylamin.[32] Des Weiteren fanden sie eine Oxidation bei einem Potential von 0,20 V, die ein Elektron umfasst. In organischen Lösungsmitteln (CH_2Cl_2) hingegen fanden sie eine Reduktion bei einem

Potential von –1,38 V, die einem Elektron entspricht. Hier wird $[(bpy)Fe(CN)_3NO]^-$ zu $[(bpy)Fe(CN)_3NO]^{2-}$ reduziert. Auch in organischen Lösungsmitteln ist eine Oxidation zu beobachten. Diese liegt referenziert gegenüber dem Redoxpaar $FeCp_2/FeCp_2^+$ bei –0,01 V.

Die Potentiale der von *Fiedler* und *Mašek* beschriebenen Oxidation stimmen gut mit den hier erhalten Ergebnissen überein. Daher ist die gefundene Oxidation einer Oxidation von einem $\{Fe(NO)\}^7$-System zu einem $\{Fe(NO)\}^6$-System $[(bpy)Fe(CN)_3(NO)]$ zuzuordnen.

Die gemessenen kathodischen Potentiale der Reduktion weichen stark von den von *Fiedler* und *Mašek* gefundenen ab. Da es sich hierbei um einen oder mehrere irreversible Prozesse handelt, liegt eine starke Abhängigkeit von Konzentration, Vorschubgeschwindigkeit, Elektrodenmaterial und Lösungsmittel vor.[2,32] Somit kann die erste irreversible Reduktionswelle einer Reduktion des bpy-Liganden in Kombination mit der Abspaltung eines NO- oder CN-Liganden zugeordnet werden.

2.2.2. **UV/vis-Spektroskopie und UV/vis-Spektroelektrochemie**

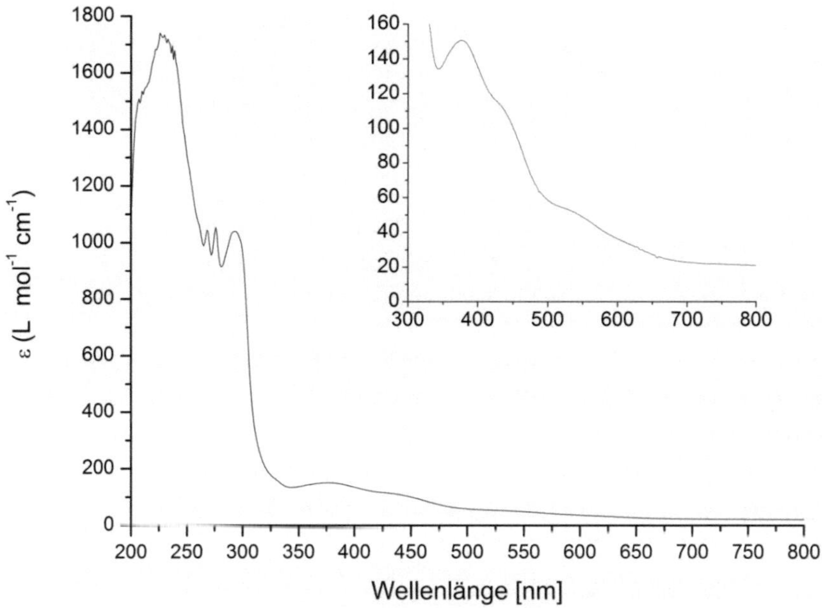

Abbildung 5: UV/vis-Spektrum von $(PPh_4)[(bpy)Fe(CN)_3NO]$, gemessen in CH_2Cl_2; mit Vergrößerung des Bereichs von 300-800 nm.

In dem in Abbildung 5 gezeigten, in CH_2Cl_2 aufgenommenen UV/vis-Spektrum des Komplexes $(PPh_4)[(bpy)Fe(CN)_3NO]$ finden sich die in der Literatur beschriebenen Banden bei 267, 276, 292, 375 und 441 nm sowie eine Schulter bei 550 nm. Anhand der von *Fiedler* und *Mašek* durchgeführten Messungen kann die Bande bei 292 nm einem $\pi \rightarrow \pi^*$-Übergang im Bipyridin-Liganden zugeordnet werden. Die beiden scharfen Banden bei 267 und 276 nm rühren vom Gegenion PPh_4^+ her.

Da die Banden bei 375 und 441 nm im neutralen Komplex nicht auftreten, ordnen *Fiedler* und *Mašek* diese einem Ligand-zu-Metall Charge-Transfer (LMCT) von dem π^*-Orbital des Nitrosyls in die $d(z^2, x^2\text{-}y^2)$-Orbitale des Eisens zu. Die bei 550 nm als Schulter auftretende Bande spiegelt einen d-d-Übergang des Metalls wieder.

Abbildung 6 zeigt das UV/vis-Spektrum von $(PPh_4)[(bpy)Fe(CN)_3NO]$ in CH_2Cl_2/*n*$BuNPF_6$ während der anodischen Oxidation in einem Bereich von 0-800 mV (SEC-UV/vis).

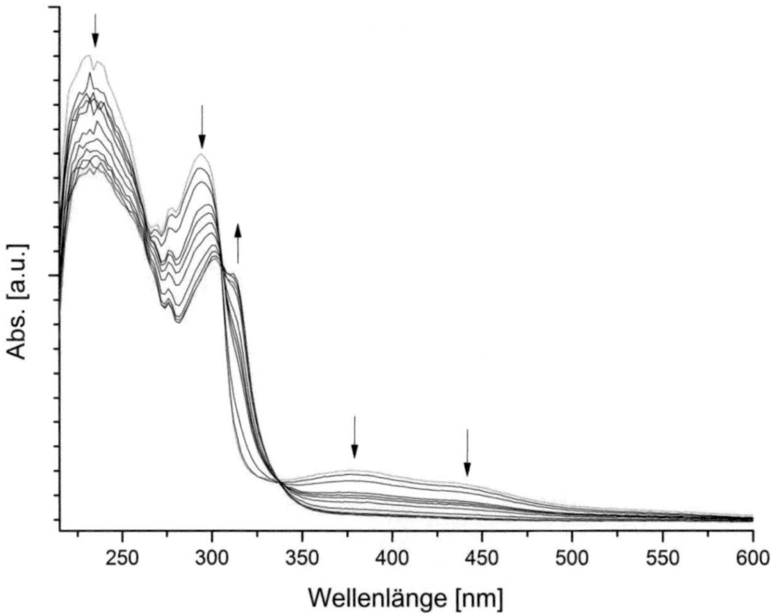

Abbildung 6: UV/vis-Spektrum während der reversiblen, anodischen Oxidation von $(PPh_4)[(bpy)Fe(CN)'(NO)]$ in CH_2Cl_2/*n*Bu_4NPF_6 in einer OTTLE-Zelle (0-800 mV).

Die anodischen Oxidation verläuft auf der Zeitskala dieser Messung (30 - 60 Minuten) vollkommen reversibel. Die Bande bei 292 nm erfährt eine Rotverschiebung zu einer Bande mit Maxima bei 302 und 312 nm.

Die Banden des LMCT-Übergangs bei 375 und 441 nm verschwinden und nur sehr schwache Absorptionen bei 460 und 550 nm verbleiben. Isosbestische Punkte sind bei 305 und 338 nm zu beobachten.

Der oxidierte Komplex $[(bpy)Fe(CN)_3(NO)]$ lässt sich durch die sehr schwach verbleibende Bande des d-d-Übergangs bei 550 nm[19,25,33] und die rotverschobene intensive Absorptionsbande des π-π^*-Übergang als $\{Fe(NO)\}^6$ charakterisieren und stimmt gut mit einem low-spin $Fe(II)/NO^+$-Komplex überein, wie *Fiedler* und *Mašek* ihn auch postuliert haben.[20,29,30]

2.2.3. **ESR-Spektroskopie**

Das X-Band (9,4 GHz) ESR-Spektren des Komplexes $(PPh_4)[(bpy)Fe(CN)_3(NO)]$ wurden in CH_2Cl_2 bei Raumtemperatur und in glasartig gefrorener Lösung bei 110 K aufgenommen. Das Raumtemperaturspektrum zeigt lediglich ein schlecht aufgelöstes, isotropes Spektrum mit einem g-Faktor von 2,0107.

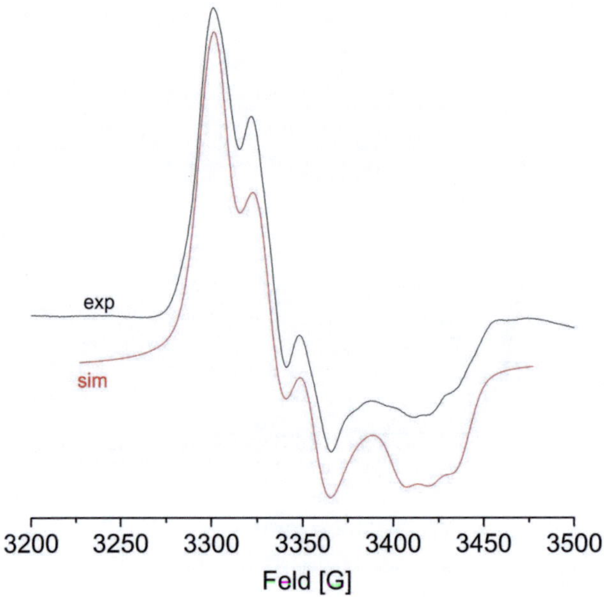

Abbildung 7: X-Band ESR-Spektrum von $(PPh_4)[(bpy)Fe(CN)_3(NO)]$ in CH_2Cl_2 bei 110 K mit Simulation.

Die glasartig gefrorene Lösung ergibt ein Spektrum mit rhombischer Symmetrie und drei g-Faktoren und ist in Abbildung 7 dargestellt. Die Simulation ergibt die drei Werte $g_1 = 2,035$;

g_2 = 2,025; g_3 = 1,972 und eine Hyperfeinaufspaltung für einen Stickstoffkern (I = 1) entsprechend des Nitrosylliganden mit Kopplungskonstanten A_1 = 11 G, A_2 = 25 G, A_3 = 15 G. Der hohe g-Faktor und eine g-Anisotropie ($\Delta g = g_1 - g_3$) von 0,063 deuten auf einen großen Anteil des Eisenatoms am ungepaarten Elektron hin.

Diese Ergebnisse deuten darauf hin, dass es sich um ein $\{Fe(NO)\}^7$-System mit S = 1/2 handelt, welches ein diamagnetisches low-spin Fe(II), sowie ein ungepaartes Elektron auf dem Nitrosylliganden beinhaltet.

2.2.4. ESR- und IR-Spektroelektrochemie

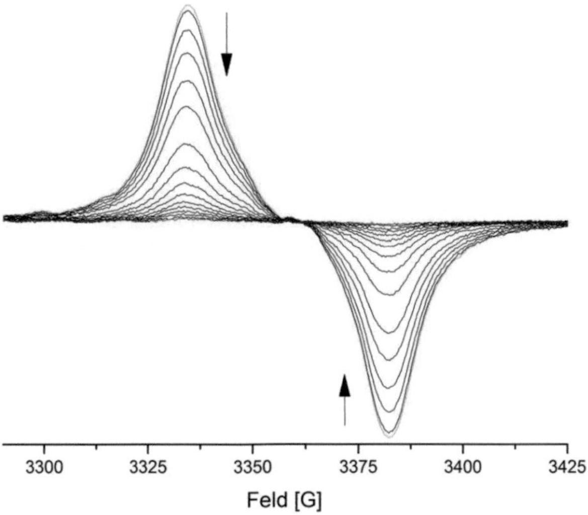

Abbildung 8: ESR-Spektrum von $(PPh_4)[(bpy)Fe(CN)_3(NO)]$, aufgenommen während der schrittweisen anodischen Oxidation in $CH_2Cl_2/n Bu_4NPF_6$ (0-3 V / 0,2 V).

Das ESR-Signal von $(PPh_4)[(bpy)Fe(CN)_3(NO)]$ bei Raumtemperatur in $CH_2Cl_2/n Bu_4NPF_6$ mit einem g-Faktor von g = 2,0107 verschwindet vollständig während der anodischen Oxidation (Abbildung 8). Auch dieser Prozess verläuft vollkommen reversibel. Das Fehlen eines ESR-Signals bei dem Oxidationsprodukt $[(bpy)Fe(CN)_3(NO)]$ könnte durch ein ferromagnetisch gekoppeltes low-spin $Fe(III)/NO^{\bullet}$-System oder ein diamagentisches low-spin $Fe(II)/NO^+$-System verursacht werden.

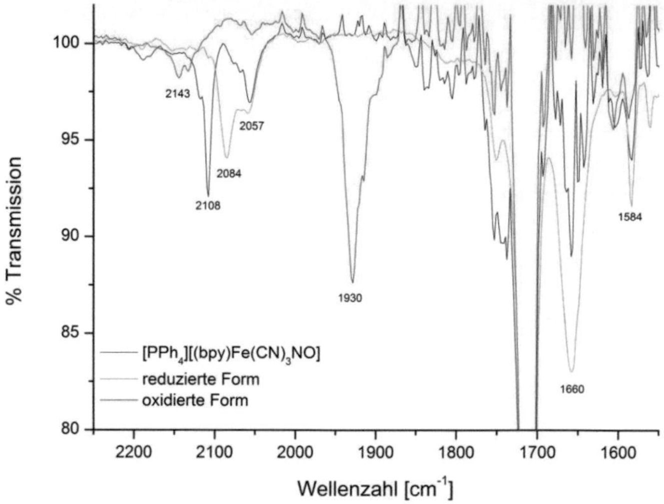

Abbildung 9: FTIR-Spektrum von $(PPh_4)[(bpy)Fe(CN)_3(NO)]$ in CH_2Cl_2/*n*Bu_4NPF_6, sowie nach *in situ*-Oxidation und Reduktion in einer OTTLE-Zelle.

Die Spektroelektro-Infrarot-Experimente (SEC-IR) (Abbildung 9) zeigen, dass sich die NO-Bande bei anodischer Oxidation von ν(N=O) = 1660 cm^{-1} zu ν(N=O) = 1930 cm^{-1} verschiebt und die CN-Bande von ν(C≡N) = 2108 cm^{-1} nach ν(C≡N) = 2142 cm^{-1}, wodurch die Beschreibung als Fe(II)/NO^+-Komplex plausibler erscheint. Dies stimmt auch mit den Schlüssen aus der UV/vis-Spektroelektrochemie und den Beschreibungen von *Fiedler* und *Mašek* überein.[20]

2.2.5. **Austausch des Bipyridins durch andere Liganden**

Um den Einfluss des Bipyridin-Liganden auf den beschriebenen Komplex weiter zu untersuchen, sollte dieser durch verschiedene α-Diimin-Liganden (N^N) variiert werden. Es wurde versucht weitere Komplexe des Typs $(PPh_4)[(N^\wedge N)Fe(CN)_3(NO)]$ zu synthetisieren. So wurden phen (1,10-Phenanthrolin), dppz (Dipyrido[3,2-a:2',3'-c]phenazin), *i*Pr-DAB (*N,N*-Diisopropyl-1,4-diazabutadien), Mes-BIAN (Bis(mesityl)acenaphthenquinondiimin), sowie das unsymmetrische PyMA (Pyridin-2-yl-methylen)anilin gemäß der zuvor beschriebenen Synthese eingesetzt (vgl. Abbildung 10). Der Komplex $(PPh_4)[(phen)Fe(CN)_3(NO)]$, den schon *Fiedler* und *Mašek*[20,29,30] beschrieben, konnte ebenfalls als brauner, kristalliner Feststoff erhalten werden. Das Vorliegen des Komplexes wurde durch IR-Spektroskopie bestätigt. Alle weiteren Syntheseversuche führten zur Isolation eins blauen Feststoffs, welcher im IR-

Spektrum keinerlei Signale zeigt, die einer Nitrosylstreckschwingung zuzuordnen sind. Hier wurde auf weitere Analytik verzichtet.

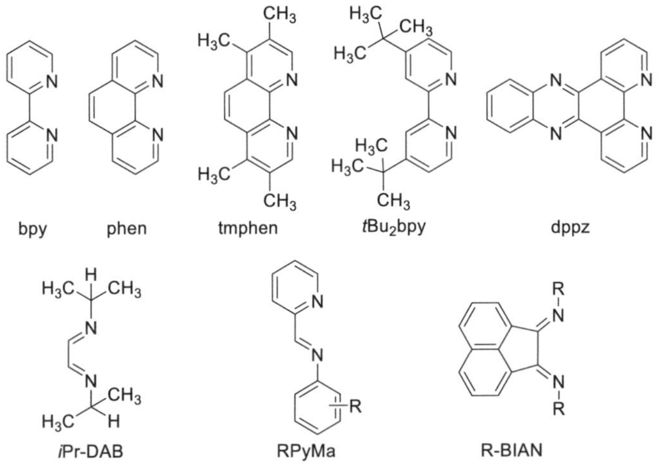

Abbildung 10: Übersicht über die Liganden, die in den weiteren Syntheseversuchen verwendet wurden.

2.3. Zusammenfassung

Der Komplex $(PPh_4)[(bpy)Fe(CN)_3(NO)]$ wurde synthetisiert und mit Hilfe von UV/vis-, IR-spektroskopischen und cyclovoltammetrisch Messungen charakterisiert. Die Annahme eines $\{Fe(NO)\}^7$-Systems wurde durch umfassende Messungen mithilfe kombinierter Methoden aus Elektrochemie und UV/vis-, IR-, ESR-Spektroskopie untersucht. Diese Messungen zeigen, dass es sich um ein diamagnetisches low-spin Fe(II)-System mit ungepaartem Elektron auf dem $NO^•$-Liganden handelt $\{Fe^{II}(NO^•)\}$. Das Nitrosyl kann, auf den Zeitskalen der unterschiedlichen Messungen (CV einige Minuten SEC-UVvis/IR/ESR 30-60 Minuten), reversibel zu NO^+ oxidiert werden. Die Reduktion allerdings verläuft irreversibel auf der Zeitskala einer CV-Messsung. Weitere Messungen liefern keinen Hinweis auf die Art des dort entstehenden Produkts.

3. Stabilisierung von primären aliphatischen Nitrosaminen durch Koordination an $[Ir(Cl)_5]^{2-}$ und Untersuchung ihrer Dekomposition

3.1. Einleitung

Sekundäre Nitrosamine ($R_1R_2NN{=}O$) sind seit über 150 Jahren in der chemischen Literatur präsent. In den Fokus der Aufmerksamkeit gelangten sie in den 1960er Jahren, als zum ersten Mal über ihre krebserzeugende Wirkung berichtet wurde.[34] Diese sehr stabilen, sekundären Nitrosamine entstehen durch Reaktion typischer Nitrosylierungsreagenzien wie N_2O_4, ClNO, BuONO oder NO^+ mit sekundären Aminen.

Primäre Nitrosamine ($R_1N(H)N{=}O$) hingegen sind sehr labil und zusammen mit ihren Tautomeren, den Diazonsäuren ($R_1N{=}NOH$), wichtige Intermediate in der Desaminierung der DNA-Basen und bei der Bildung von Diazoniumsalzen.[35]

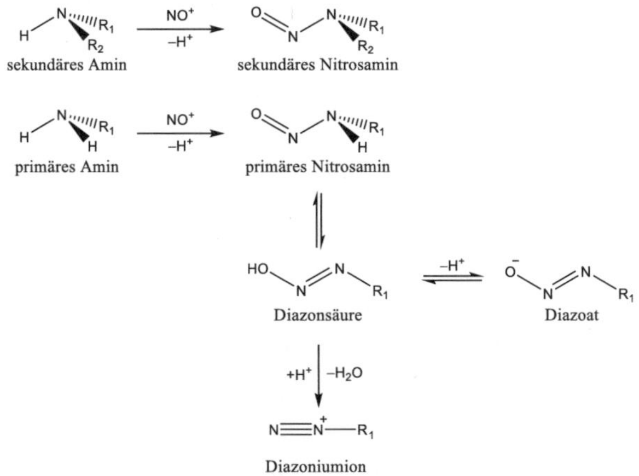

Schema 2: Synthese und Zersetzung primärer und sekundärer Nitrosamine.

Meyer et al. entwickelten als Erste eine Methode zur Stabilisierung aromatischer Diazoniumsalze durch Koordination von Anilin und anderen aromatischen Aminen an $[Fe(CN)_5NO]^{2-}$ oder $[Ru(bpy)_2(NO)Cl]^{2+}$ (bpy = 2,2'-Bipyridin).[20] Dies ließ sich allerdings nicht auf die aliphatischen Amine übertragen. Die Gruppe um *Doctorovich* klärte die ablaufenden Zersetzungsreaktionen der von *Meyer* beschriebenen Synthese weiter auf. Sie fanden heraus, dass sich bei der Reaktion von alphatischen Aminen mit $[Fe(CN)_5NO]^{2-}$ zu einem großen Teil das korrespondierende Diamin bildet, wohingegen bei der Reaktion mit

$[Ru(bpy)_2(NO)Cl]^{2+}$ Alkene, Alkohole, Chloride und Oxidationsprodukte nachgewiesen werden konnten. Dies lässt den Schluss zu, dass sich Nitroprussid besser für die Stabilisierung des als Intermediat auftretenden Diazoniumions eignet.[36–40] Weiterhin publizierte die Gruppe um *Doctorovich* die vollständige Charakterisierung eines aromatischen (4-Methylanilin)- und eines aliphatischen (2,2',2''-Trifluorethylamin)-Nitrosamins, stabilisiert durch Koordination an $[IrCl_5]^{2-}$.[41] Das in diesem Komplex auftretende Nitrosyl ist eines der elektronenärmsten der bisher verzeichneten, was sich durch die schwache Rückbindung und die Inertheit des $[IrCl_5]^{2-}$ -Gerüsts erklären lässt.[42] Nach dem von *Enemark* und *Feltham*[19] entwickelten Konzept ist $[IrCl_5(NO)]^-$ als $\{IrNO\}^6$ zu bezeichnen. In weiteren Arbeiten wurden mehr Beispiele für koordinierte primäre Nitrosamine beschrieben, die sich von den aliphatischen Aminen Benzylamin, *n*-Butylamin, Cyclopropylamin und 9-Octyladenin (pseudoaromatisch) ableiten lassen.

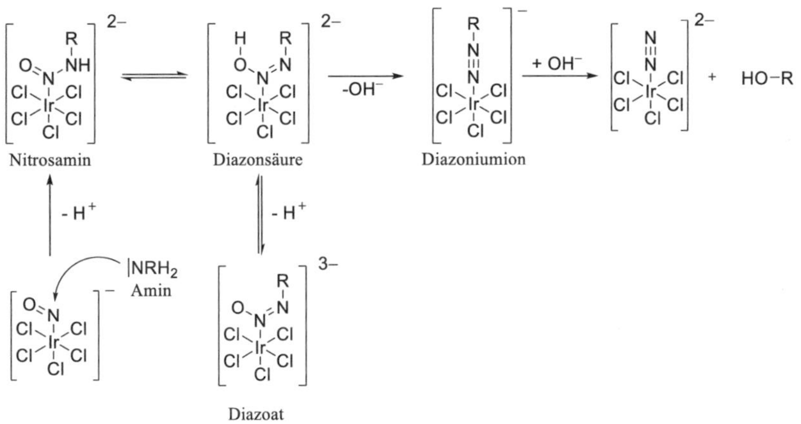

Schema 3: Schematische Darstellung der Zersetzungsreaktion der über Iridium stabilisierten Nitrosamine.

Im Rahmen dieser Arbeit sollten weiterführende Untersuchungen der spektroskopischen und elektrochemischen Eigenschaften an den bereits von *Doctorovich* et al. vorgestellten primären aliphatischen Iridium-Nitrosaminen und ihren Zersetzungsprodukten, wie dem Iridium-Diazoniumsalz, durchgeführt werden.[23,38,39,41–47] *Doctorovich* et al. beschreiben die Synthese von Nitrosaminkomplexen mit den organischen Resten Phenyl, 2,2',2''-Trifluorethyl, Benzyl, *n*Butyl, Cyclopropyl und 9-Methyladenyl. Zudem ist die Zersetzung zum Diazoniumion durch Zugabe von Säure weitgehend erforscht.[47] *Doctorovich* et al. beschreiben die saure Zersetzung des Nitrosaminkomplexes $[IrCl_5(N(O)N(H)R)]^{2-}$, der unter Abspaltung von (OH^-) die Diazoniumkomplexe $[IrCl_5(N{\equiv}N–R)]^-$ bildet. Nach einem weiteren nukleophilen Angriff (z.B.

durch OH^-) folgt die Zersetzung zu einem $[IrCl_5N_2]^{2-}$-Fragment und den NMR-spektroskopisch gut detektierbaren Alkohol (HO-R) und das Amin (H_2N-R), welches durch Reaktion mit dem Gegenion entsteht. Im Folgenden soll gezeigt werden, wie diese in Schema 3 vorgestellte Reaktion auch durch chemische oder elektrochemische Oxidation herbeigeführt werden kann und zum gleichen Ergebnis führt.

3.2. Darstellung und Diskussion der Ergebnisse

Dieses Projekt wurde in einer Kooperation mit der Arbeitsgruppe von Prof. Dr. F. Doctorovich, Universidad de Buenos, Aires Buenos Aires, Argentinien durchgeführt.

3.2.1. Synthese der Nitrosaminkomplexe

Die Synthese der Nitrosaminkomplexe erfolgte nach der Vorschrift von *Di Salvo* et al.[47] durch die Umsetzung des umkristallisierten, kommerziell erworbenen Komplexes $K[IrCl_5(NO)]$ mit dem jeweiligen Amin (*n*Butylamin (H_2N*n*Bu) oder Benzylamin (H_2NBn)) in Acetonitril. Mittels einer nukleophilen Addition des Amins an die Nitrosyl-Gruppe des Precursorkomplexes fiel das Nitrosamin mit einem Kaliumkation und dem Ammoniumkation des eingesetzten Amins als Gegenionen aus. Der entstandene Nitrosaminkomplex ist mit diesen Gegenionen nur noch in Wasser, DMSO und DMF löslich. Für Messungen, die andere Lösungsmittel erfordern, wurden die Gegenionen in Wasser gegen PPh_4^+ ausgetauscht.

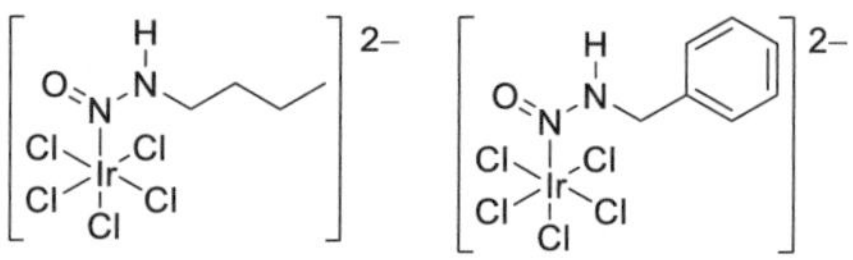

Abbildung 11: Dargestellte Iridium-Nitrosaminkomplexe mit den organischen Resten *n*Butyl (links) und Benzyl (rechts).

3.2.2. Cyclovoltammetrische Untersuchungen

Die Komplexe $[IrCl_5(N(O)N(H)nBu)]^{2-}$ und $[IrCl_5(N(O)N(H)Bn)]^{2-}$ wurden cyclovoltammetrisch untersucht. Die Messungen erfolgten in spektroskopischem DMSO mit nBu_4NPF_6 als Elektrolyt bei Raumtemperatur und einer Vorschubgeschwindigkeit von 100 mV/s. Als interner Standard diente das Redoxpaar $FeCp_2/FeCp_2^+$. Die erhaltenen Cyclovoltammogramme sind in Abbildung 12 dargestellt. Beide Komplexe zeigen eine reversible Einelektronen Oxidation bei einem ähnlichen Potential. Für $[IrCl_5(N(O)N(H)nBu)]^{2-}$ befindet sich dieses bei 0,22 V, während sich die Oxidation für das Benzylderivat mit 0,34 V ein wenig weiter im positiven Bereich befindet. Des Weiteren ist hier eine irreversible Oxidation bei 0,74 V zu beobachten.

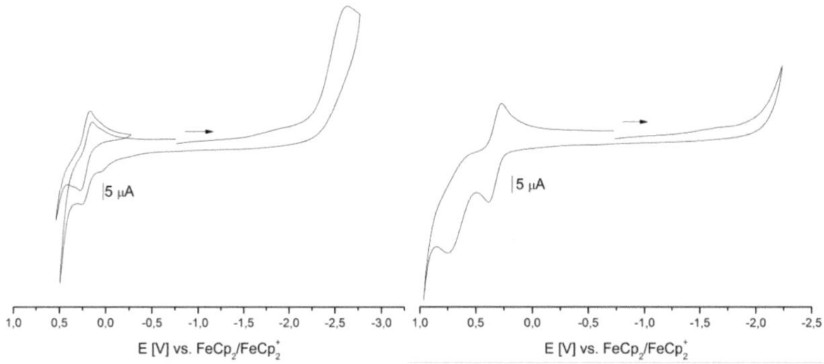

Abbildung 12: Cyclovoltammogramme von $K(H_3N\textit{n}Bu)[IrCl_5(N(O)N(H)\textit{n}Bu)]$ (links) und $K(H_3NBn)[IrCl_5(N(O)N(H)Bn)]$ (rechts), gemessen in DMSO/nBu_4NPF_6 mit einer Vorschubgeschwindigkeit von 100 mV/s gegen das Redoxpaar $FeCp_2/FeCp_2^+$.

Das Vorhandensein dieser reversiblen Oxidation zeigt, dass die beiden Komplexe elektrochemisch oxidiert werden können, ohne dass auf der Zeitskala einer cyclovoltammetrischen Messung (einige Minuten) Zersetzungsreaktionen ablaufen.

3.2.3. **Untersuchung der elektrochemischen Dekomposition**

Der erste Schritt der Aufklärung der elektrochemischen Dekomposition der synthetisierten Nitrosamine bestand aus der UV/vis-spektroelektrochemischen Untersuchung beider Komplexe $K(H_3N\textit{n}Bu)[IrCl_5(N(O)N(H)\textit{n}Bu)]$ und $K(H_3NBn)[IrCl_5(N(O)N(H)Bn)]$ in DMSO/nBu_4NPF_6 bei Raumtemperatur mit Hilfe einer OTTLE-Zelle. Beide Komplexe ändern während der Oxidation ihre Farbe von gelb zu intensiv rot. Bei dem Komplex $K(H_3NBn)[IrCl_5(N(O)N(H)Bn)]$ findet man im Ausgangsspektrum (Abbildung 13, grün) die in der Literatur angegebenen Absorptionsbanden bei 246, 323 und 460 nm.[47] Während der anodischen Oxidation nehmen die bei 321 und 460 nm liegenden Banden ab und eine neue Bande entsteht bei 534 nm. Isosbestische Punkte sind bei 313 und 407 nm zu beobachten. Im Ausgangsspektrum von $K(H_3N\textit{n}Bu)[IrCl_5(N(O)N(H)\textit{n}Bu)]$ in DMSO/nBu_4NPF_6 bei Raumtemperatur sind die in der Literatur beschriebenen Banden der Absorption bei 324, 409 und 463 nm zu erkennen.[47] Unter anodischer Oxidation verringert sich die Intensität der Bande bei 324 nm und drei neue Banden entstehen bei 438, 510 und 553 nm. Es ist ein isosbestischer Punkt bei 406 nm zu beobachten.

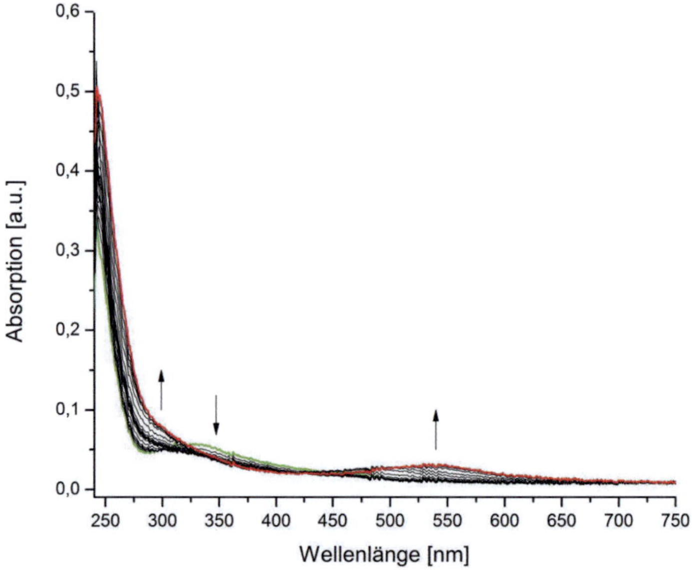

Abbildung 13: UV/vis-Spektren während der reversiblen, anodischen Oxidation von $K(H_3NBn)[IrCl_5(N(O)N(H)Bn)]$ in DMSO/$n$$Bu_4NPF_6$ bei Raumtemperatur in einer OTTLE-Zelle (0-1,3 V).

Das Auftreten einer Bande in dem Bereich bei 540 nm ist ein erstes Anzeichen der Entstehung eines Diazoniumkomplexes während der elektrochemischen Oxidation. Ein solcher Komplex enthält eine Azobrücke (–N=N–) als mögliches Chromophor, welches, bedingt durch die Vergrößerung des chromophoren Systems, eine Absorption bei höheren Wellenlängen besitzen sollte. Dies erklärt das Auftreten der Bande bei ungefähr 540 nm, sowie die rote Farbe der oxidierten Verbindung. Die Oxidation verläuft auf der Zeitskala einer spektroelektrochemischen UV/vis-Messung (30-60 Minuten) vollständig reversibel.

3.2.4. **Untersuchung der chemischen Dekomposition**

Als beste Möglichkeit zur chemischen Oxidation der beiden Nitrosaminkomplexe in DMSO stellte sich die Verbindung Diammonium-hexanitratocerat(IV) $(NH_4)_2[Ce(NO_3)_6]$ mit einem Potential von E = 1,61 V gegen die NHE heraus.[48] Das zunächst verwendete Tris(4-bromphenyl)aminium hexachloridoantimonat „Magic Blue" mit einem Potential von E = 0,70 V gegen $FeCp_2/FeCp_2^{+}$[31,49,50] reagiert bereits mit DMSO und ist somit als Oxidationsmittel ungeeignet.

Zur UV/vis-spektroskopischen Untersuchung der chemischen Zersetzung der Nitrosamine wurde das Oxidationsmittel $(NH_4)_2[Ce(NO_3)_6]$ in DMSO vorgelegt. Der reine Cerkomplex zeigt Absorptionsbanden bei 301 und 368 nm. Anschließend wurde ein Äquivalent des jeweiligen Nitrosaminkomplexes hinzugegeben und zeitabhängig UV/vis-Spektren aufgenommen. Das Ergebnis für den Komplex $K(H_3N\textit{n}Bu)[IrCl_5(N(O)N(H)\textit{n}Bu)]$ ist in Abbildung 14 dargestellt. Das Spektrum zeigt neben den Banden des Cerkomplexes auch die drei bei der Spektroelektrochemie auftretenden Banden bei 360, 532 und 574 nm, die dem Diazonimion zugeordnet werden können. Durch die Überlagerung mit den Banden des Cerkomplexes sind diese gegenüber der Spektroelektrochemie leicht verschoben. Es findet eine schnelle Zersetzung der Komponenten in DMSO statt, da die Intensität aller Banden über die Zeit abnimmt.

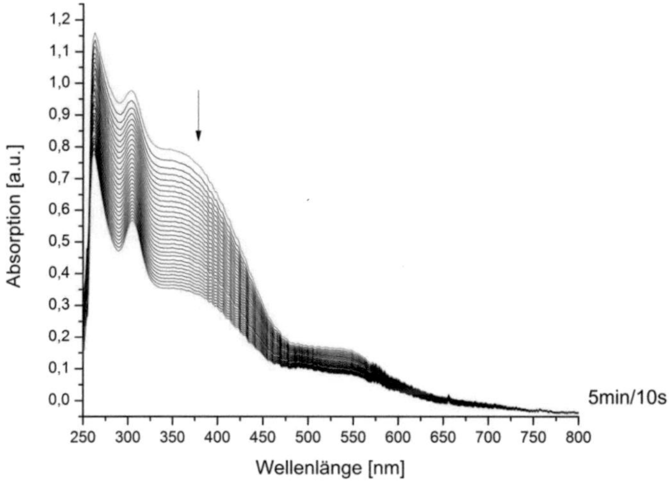

Abbildung 14: Zeitaufgelöstes UV/vis-Spektrum von 1 äq. $K(H_3N\textit{n}Bu)[IrCl_5(N(O)N(H)\textit{n}Bu)]$ zugefügt zu $(NH_4)_2[Ce(NO_3)_6]$ in DMSO.

Zur Aufklärung der Art, der bei der chemischen Oxidation entstehenden Spezies, wurden beide Komponenten, Komplex und Oxidationsmittel, in DMSO-d_6 vorgelöst und schnell nach der Vermischung im NMR-Röhrchen ^{1}H-NMR-spektroskopisch untersucht. Zwei Messungen für den Komplex $K(H_3N\textit{n}Bu)[IrCl_5(N(O)N(H)\textit{n}Bu)]$, zum einen 10 Minuten nach der Vermischung und zum anderen nach 24 Stunden, sind in Abbildung 15 gezeigt. Als Diagnosesignale dienen die Protonen, die zur jeweiligen funktionellen Gruppe (Nitrosamin, Diazonium, Alkohol oder Amin) α-ständig sind. Nach 10 Minuten sind chemische Verschiebungen des Nitrosaminkomplexes bei 3,63 ppm und des Amins bei 2,79 ppm zu beobachten. Zusätzlich ist ein kleines Signal bei 4,51 ppm zu finden, welches dem Diazoniumkomplex zuzuordnen ist. Das Signal des Alkohols bei etwa 3,43 ppm ist nicht zu beobachten. Das intensive Signal bei 7,25 ppm wird einer Reaktion von dem verwendeten DMSO mit dem Oxidationsmittel zugeordnet.

Nach 24 Stunden ist immer noch ein Signal des Diazoniumkomplexes zu sehen und das Signal des Alkohols erscheint bei 3,43 ppm. Der resultierende Alkohol tritt nur als Zersetzungsprodukt des Diazoniumkomplexes auf (vgl. Schema 3), daher ist davon auszugehen, dass bei der chemischen Dekomposition der Diazoniumkomplex entsteht.

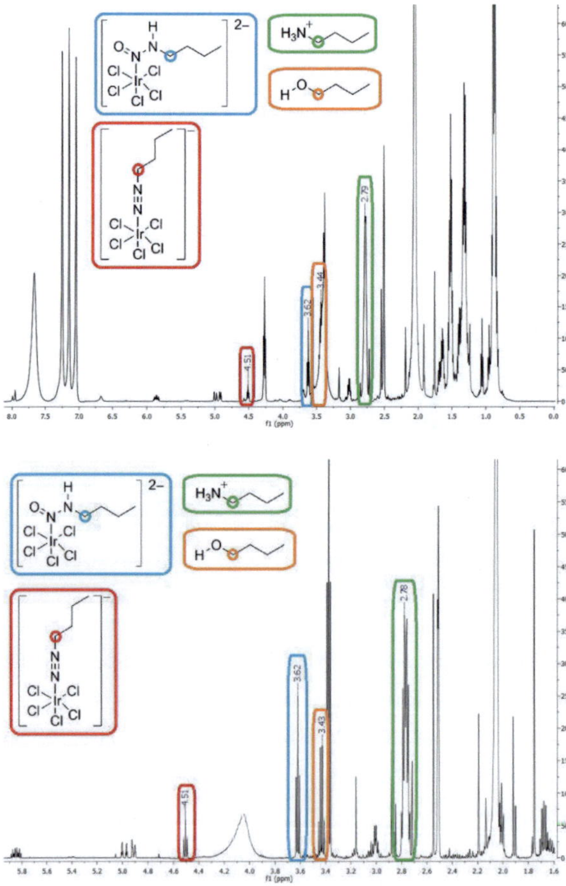

Abbildung 15: NMR-Spektrum von $K(H_3NnBu)[IrCl_5(N(O)N(H)nBu)]$ nach Oxidation mit 1 äq. $(NH_4)_2[Ce(NO_3)_6]$ in DMSO-d_6 nach 10 Minuten (oben) und nach 24 Stunden (unten).

Für den Komplex $K(H_3NBn)[IrCl_5(N(O)N(H)Bn)]$ ist ein ähnliches Verhalten zu beobachten. Für die einzelnen Komponenten treten folgende chemische Verschiebungen der Protonen auf: Nitrosaminkomplex 5,36 ppm, Diazoniumkomplex 4,80 ppm, Alkohol 4,53 ppm und Amin 4,09 ppm.

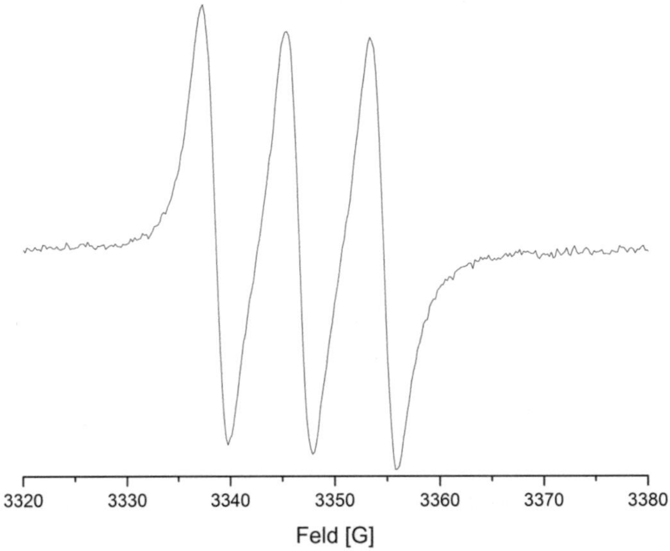

Abbildung 16: X-Band ESR-Spektrum von $(PPh_4)_2[IrCl_5(N(O)N(H)Bn)]$ in CH_3CN bei 110 K nach Oxidation mit $(NH_4)_2[Ce(NO_3)_6]$ und α-Phenyl-*N*-*tert*-butyl-nitron (PBN) als Spin-Trap.

Zur weiteren Aufklärung des chemischen Zersetzungsprozesses und zum Abfangen möglicher entstehender Radikale wurde ein X-Band ESR-Spektrum nach chemischer Oxidation und unter Verwendung einer Spin-Trap aufgenommen.

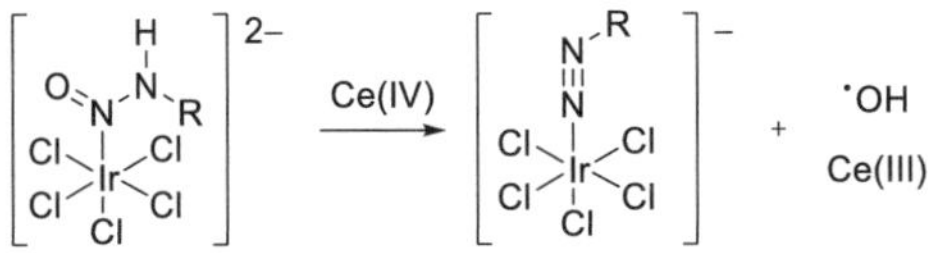

Schema 4: Postulierter Reaktionsverlauf der Reaktion eines Nitrosamins mit dem Cer(IV)-Komplex $(NH_4)_2[Ce(NO_3)_6]$.

In Abbildung 16 ist das ESR-Spektrum von $(PPh_4)_2[IrCl_5(N(O)N(H)Bn)]$ in CH_3CN bei 110 K nach Oxidation mit $(NH_4)_2[Ce(NO_3)_6]$ und α-Phenyl-*N*-*tert*-butyl-nitron (PBN) als Spin-Trap dargestellt. Es zeigt ein isotropes Dreilinien-Spektrum mit einem g-Faktor von 2,0044 und einer Kopplungskonstante von a_N = 8 G. Es ist mit einer Spektrenbreite von 36 G ein schmales Spektrum, was für organische Radikale charakteristisch ist. Der postulierte Reaktionsverlauf in

Schema 4 beinhaltet, dass ein Hydroxylradikal ($HO^{\bullet}$) entsteht. Schema 5 zeigt eine mögliche Reaktion eines $HO^{\bullet}$ mit PBN. *Davies* und *Slater* beschreiben ein ähnliches System, $PhC(O)N(O^{\bullet})tBu$, welches einem mit PBN umgesetzten Sauerstoffradikal ($O^{\bullet}$), mit einem g-Faktor von 2,0063 und einer Kopplungskonstante a_N = 7,96 Hz, entspricht.[51] Die Werte für den g-Faktor und die Kopplungskonstante liegen in einem ähnlichen Bereich wie die durchgeführte Messung. Dies deutet darauf hin, dass in diesem Fall ein $HO^{\bullet}$ mit Hilfe von PBN detektiert wurde. Für die endgültige Aufklärung sind noch weitere Messungen und Simulationen der Spektren notwendig. Des Weiteren könnte die Wahl einer anderen Spin-Trap das Aufspaltungsmuster eines $HO^{\bullet}$ charakteristischer machen.

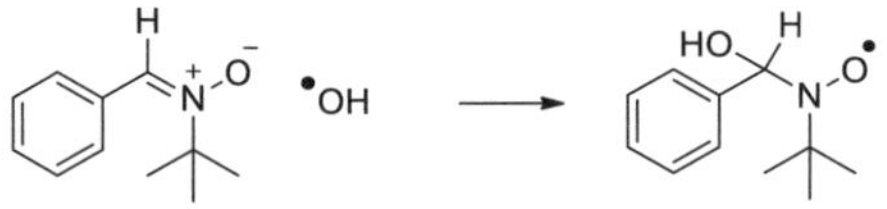

Schema 5: Fixierung eines OH-Radikals mit Hilfe der Spin-Trap PBN.

3.3. Zusammenfassung

Die Nitrosaminkomplexe $[IrCl_5(N(O)N(H)nBu)]^{2-}$ und $[IrCl_5(N(O)N(H)Bn)]^{2-}$ wurden gemäß der Literatur reproduziert. Aus den Vorarbeiten der Gruppe um *Doctorovich* ist bekannt, dass sich diese Komplexe durch Umsetzung mit Säure (z.B. Trifluoressigsäure (TFA)) zu dem jeweiligen Diazoniumkomplex $[IrCl_5(N{=}NnBu)]^{-}$ und $[IrCl_5(N{=}NBn)]^{-}$ zersetzen. Die cyclovoltammetrische Untersuchung zeigt, dass beide Komplexe reversibel oxidiert werden können. Aus den Ergebnissen der UV/vis-spektroskopischen Messungen geht hervor, dass sowohl bei der elektrochemischen als auch bei der chemischen Oxidation ein Produkt entsteht, welches ein Absorptionsmaximum bei 534 nm für das Butylderivat und 553 nm für das Benzylderivat besitzt. Ein klares Anzeichen für den Diazoniumkomplex nach chemischer Oxidation liefen die ^{1}H-NMR-Spektren. Folglich kann davon ausgegangen werden, dass bei elektrochemischer und chemischer Oxidation das gleiche Produkt entsteht, welches durch die Umsetzung mit einer Säure erhalten wurde, der Diazoniumkomplex. Die Reaktionsabläufe dieser Umsetzung sind in Schema 6 dargestellt. Das ESR-Spektrum von $[IrCl_5(N(O)N(H)Bn)]^{2-}$ zeigt nach chemischer Oxidation unter Zuhilfenahme von PBN (α-Phenyl-*N*-*t*butyl-nitron) als Spin-Trap das Kopplungsmuster eines OH-Radikals.

Ein endgültiger Beweis für den entstandenen Diazoniumkomplex durch ein eindeutiges Massespektrum oder eine Einkristallstruktur steht noch aus.

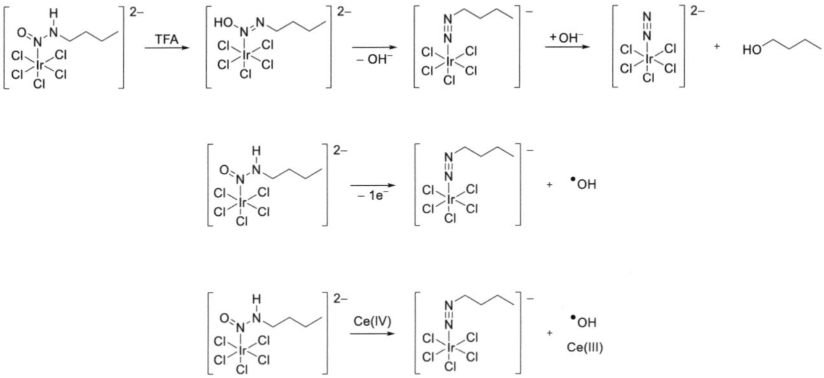

Schema 6: Reaktion des Nitrosaminkomplexes $[IrCl_5(N(O)N(H)nBu)]^{2-}$ nach Umsetzung mit Säure (TFA), elektrochemischer Oxidation, sowie chemischer Oxidation.

4. Zweikernige Arylnickel(II)-Komplexe mit verbrückenden 2,5-Bis(arylimino)pyrazin Liganden

4.1. Einleitung

Organometallische Nickelkomplexe mit α-Diiminliganden wie 2-2'-Bipyridin (bpy), 1,10-Phenantrolin (phen) oder verschiedene Diazabutadiene (R-DAB) erfreuten sich in den letzten Jahren größer werdenden Forschungsinteresse. Ein Grund dafür ist die vielseitige Einsetzbarkeit in katalytischen Prozessen wie zum Beispiel Olefin Polymerisation, Olefin/CO Co-Polymerisation[52–61] und verschiedene (elektro-)katalytische C–C-Kupplungsreaktionen.[62–81]

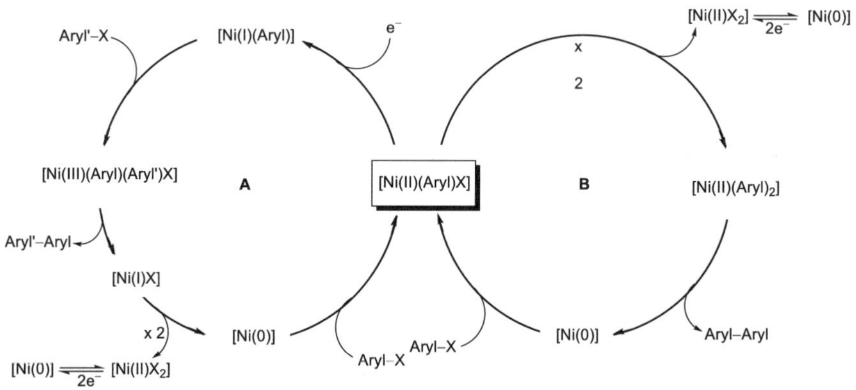

Schema 7: Postulierter Mechanismus für die C–C-Knüpfungsreaktion für Nickel-Katalysatoren mit Bipyridinliganden.[82]

Ursprüngliche Untersuchungen an Nickel(II)-Phosphankomplexen wurden später auf Nickel(II)-Diimin-Komplexe übertragen und verfeinert. Dabei wurde der Mechanismus beschrieben, wie er in Schema 7 zu sehen ist.[82–84] Es wird von [Ni(II)(Aryl)X] (X = Halogenid) ausgegangen, welches zunächst in Zyklus **A** zu einer Nickel(I)-Spezies reduziert wird. Oxidative Addition eines zweiten Arylliganden (Aryl') führt zu dem Komplex [Ni(III)(Aryl)(Aryl')X]. Anschließend wird das Kupplungsprodukt Aryl–Aryl' im Rahmen einer reduktiven Eliminierung freigegeben, wobei ein Komplex des Typs [Ni(I)X] zurück bleibt. Der Nickel(I)-Komplex disproportioniert zu einem Nickel(0)- und einem Nickel(II)-Komplex. Der entstandene Ni(II)-Komplex kann durch Reduktion zu Nickel(0) erneut aktiviert werden. Eine weitere oxidative Addition aktiviert das Substrat Aryl–X und führt wieder zum Ausgangskomplex [Ni(II)(Aryl)X]. Zyklus **B** beginnt mit der Selbstmetathese (Transmetallierung) des Ausgangskomplexes, diese führt zu einem Diaryl-Nickel(II)-Komplex und einem Dihalogenido-Nickel(II)-Komplex als Nebenprodukt. Der Dihalogenido-Nickel(II)-Komplex kann durch Reduktion zu [Ni(0)] und anschließender oxidativen Addition eines Aryl–X-Substrates wieder in den Ausgangskomplex überführt werden. Aus dem Diaryl-Nickel(II)-Komplex kann durch reduktive Eliminierung das in den meisten Fällen unerwünschte Homokupplungsprodukt Aryl–Aryl gewonnen werden.[80]

Es kann gesagt werden, dass Nickel-Diiminkomplexe im Vergleich zu den ursprünglich untersuchen Nickel-Phosphankomplexen wesentlich komplexere Mechanismen zeigen. Während einige Phosphankomplexe das für Palladium-katalysierte C–C-Knüpfungen typische oxidative Additions-/reduktive Eliminierungs-Muster mit Pd(0) und Pd(II) als Oxidationsstufen durchlaufen, sind Einelektronen-Transfer-Reaktionen für Nickel-Diimin typisch und Nickel kann in den Oxidationstufen 0, +I, +II und +III angetroffen werden. Dabei spielt die Redoxaktivität der Diimin-Liganden häufig eine entscheidende Rolle.[85] Diese großer Vielfalt an Reaktionsmöglichkeiten der Nickel-Diiminkatalysatoren hat zum einen die Substratbreite erhöht[63,67,68,70,73] verlangt aber gleichzeitig eine genaue Wahl des Katalysatorsystems, damit unerwünschte Nebenreaktionen (etwa Zyklus **B**) unterdrückt werden können. Daher lohnt sich eine breite Variation der Strukturen solcher Katalysatoren und die genaue Untersuchung ihrer Reaktivität.

So wurden z.B. Organonickelkomplexe des Typs [(N^N)Ni(Mes)X] (N^N = α-Diimin; Mes = Mesityl = 2,4,6-Trimethylphenyl; X = Halogenid) mit verschiedenen Diiminliganden hinsichtlich ihrer Struktur und Reaktivität gegenüber Ligandenaustauschreaktionen mithilfe von Röntgenbeugung und Absorptionsspektroskopie untersucht.[86–89] Die photophysikalischen und photochemischen Eigenschaften dieser Komplexe wurden mit einer Vielzahl kombinierter spektroskopischer Methoden charakterisiert. Darüber hinaus wurden quantenchemische Berechnungen durchgeführt und abschließend das redoxchemische Verhalten der Komplexe aufgeklärt.[90,91] Im Fokus steht der mögliche Einsatz dieser Komplexe als Katalysator für elektrochemische C–C-Knüpfungsreaktionen.[68] In diesen Studien erkannte man den ausschlaggebenden Einfluss des Bipyridinliganden. Das niedrigste unbesetzte Molekülorbital (LUMO) ist hauptsächlich Ligand-π^*-zentriert. Eine Konsequenz daraus ist die intensive Farbe dieser Verbindungen, sowie ein relativ niedriges erstes und zweites Reduktionspotential. So kam die Idee auf, analoge zweikernige Komplexe mit verbrückenden α-Diiminliganden (μN^N) zu synthetisieren. Die so entstehenden Komplexe des Typs [(μN^N){Ni(Mes)Br}$_2$] besitzen die Möglichkeit zwei elektronisch gekoppelte Metallzentren zu kombinieren.[92–100] Im Hinblick auf die Anwendbarkeit bieten diese Komplexe eine höhere thermische

Stabilität.[52,53,55] Da die räumliche Anordnung der Metallatome eine wichtige Rolle spielt, wurden zwei verschiedene Arten von Brückenliganden ausprobiert (siehe Abbildung 17). Zum einen das 2,2′-Bipyrimidin (bpym) bei dem sich die beiden Nickel-Atome in einem Abstand von 5,5 - 6 Å gegenüber stehen.[88,95–97,101]

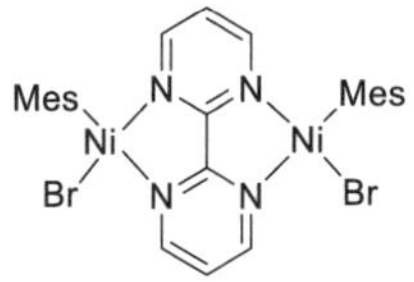

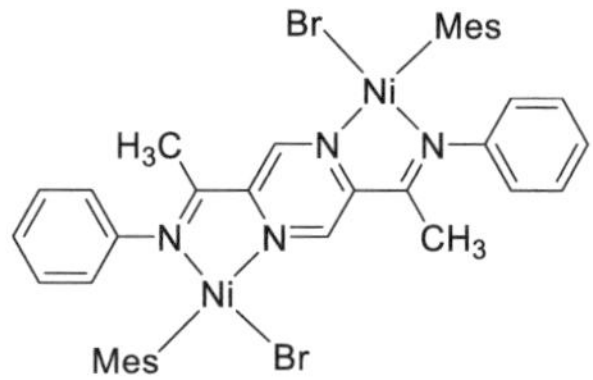

Abbildung 17: Die Komplexe [(bpym){Ni(Mes)Br}$_2$] und [(bpip){Ni(Mes)Br}$_2$].

Im Gegensatz dazu sind die Metallzentren bei den fünf Liganden bpip = 2,5-Bis(1-phenyliminoethyl)pyrazin, bdip = 2,5-Bis(1-(3,5-dimethylphenyl)iminoethyl)pyrazin, btip = 2,5-Bis(1-(2-methylphenyl)iminoethyl)pyrazin, bxip = 2,5-Bis(1-(2,6-dimethylphenyl) iminoethyl)pyrazin und bmip = 2,5-Bis(1-(2,4,6-trimethylphenyl)iminoethyl)pyrazin über die zentrale 1,4-Pyrazin Einheit S-förmig verbrückt, was einen erheblich größeren Metall-Metall-Abstand zur Folge hat.[102] Die Metall-Metall-Wechselwirkung erfolgt in beiden Fällen nicht direkt, sondern über den Brückenliganden. Komplexe aus Derivaten von 1,4-Pyrazin sind ähnlich wie das so genannten "Creutz-Taube"-Ion aufgebaut und sollten daher hohe Bindungsstabilität und optimale Verbrückung vereinen.[103] Von diesen Komplexen [(µN^N){Ni(Mes)Br}$_2$] wurden die Derivate mit bpip, bdip, bmip, btip und bxip als Liganden isoliert, charakterisiert und umfassend spektroskopisch, sowie elektrochemisch untersucht. Es konnte gezeigt werden, dass sie unter Negishi-Bedingungen C–C-Kupplungsreaktionen katalysieren. [102]

Im Rahmen dieser Arbeit sollten nun neue verbrückende Bischelat-diiminliganden des Typs 2,5-Bis(1-phenyliminoethyl)pyrazin mit elektronenziehenden Gruppen wie Fluor und Trifluormethyl an dem Anilinfragment synthetisiert werden. Mit diesen Liganden sollten analoge Komplexe des Typs[(µN^N){Ni(Mes)Br}$_2$] synthetisiert werden, die ein besonders elektronenarmes Nickel-Zentrum enthalten. Diese Komplexe sollten durch eine Ligandenaustauschreaktion an einem [$(PPh_3)_2$Ni(Mes)Br]-Precursor dargestellt werden. Bei dieser Reaktion können die in Abbildung 18 Koordinationsisomere gezeigten entstehen. Es kann der *cis*-Komplex, bei dem die Bromidliganden dem Anilinfragment gegenüber stehen, der *trans*-Komplex, bei dem die Bromidliganden dem Pyrazinfragment gegenüber stehen oder *meso*-Komplex, bei dem eine gemischte Anordnung vorliegt. entstehen.

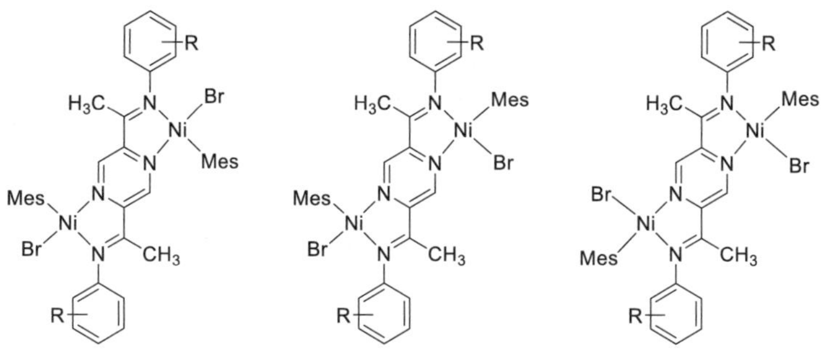

Abbildung 18: Mögliche Koordinationsisomere der Komplexe des Typs [(R-bpip){Ni(Mes)Br}$_2$].

Es sollten grundlegenden Untersuchungen der elektrochemischen und spektroskopischen Eigenschaften dieser Zweikernkomplexe durchgeführt werden.

4.2. Darstellung und Diskussion der Ergebnisse

4.2.1. Synthese der Liganden

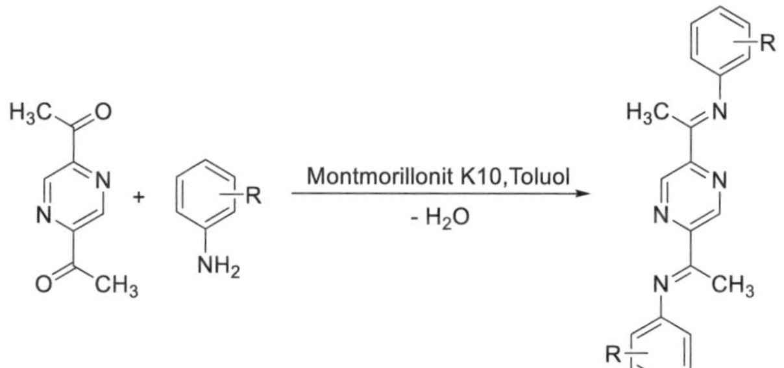

Schema 8: Synthese der Liganden des Typs R-bpip.

Die verwendeten Liganden wurden in Anlehnung an literaturbekannte Vorschriften synthetisiert. Diazetylpyrazin wurde nach *Minisci* et al.[104] über eine Fenton-Reaktion dargestellt. Die am Phenylring substituierten Derivate des 2,5-Bis(1-(phenyl)iminoethyl)pyrazin (bpip), wurden wie in Schema 8 gezeigt, über eine Iminkondensation des jeweiligen Anilins an Diazetylpyrazin synthetisiert.[98,105]

Über diese Route konnten die fünf, in Abbildung 19 gezeigten und bisher nicht dokumentierten Liganden 2,5-Bis(1-(2-trifluormethyl)phenyl)iminoethyl)pyrazin (2-CF_3-bpip), 2,5-Bis((1-(3,5-di-trifluormethyl)phenyl)iminoethyl)pyrazin (3,5-CF_3-bpip), 2,5-Bis((1-(2,6-

difluor)phenyl)iminoethyl)pyrazin (2,6-F-bpip), 2,5-Bis((1-(4-nitro)phenyl)iminoethyl) pyrazin (6-NO_2-bpip) und 2,5-Bis((1-(4-isopropyl)phenyl)iminoethyl)pyrazin (4-*i*Pr-bpip) synthetisiert werden. Die Verbindungen 2-CF_3-bpip, 3,5-CF_3-bpip, 6-NO_2-bpip und 4-*i*Pr-bpip wurden als gelbe mikrokristalline Feststoffe und 2,6-F-bpip als orangefarbener mikrokristalliner Feststoff erhalten. Die Ausbeuten betrugen für 2-CF_3-bpip 34,2%, 3,5-CF_3-bpip 83,9%, 2,6-F-bpip 57,9%, 4-*i*Pr-bpip 98,6% und für 4-NO_2-bpip 93,4%.

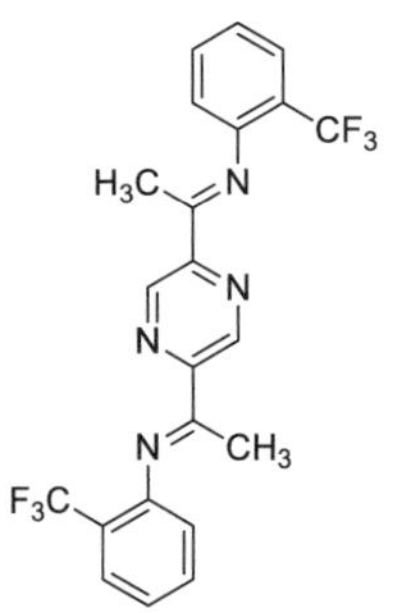

2-CF_3-bpip

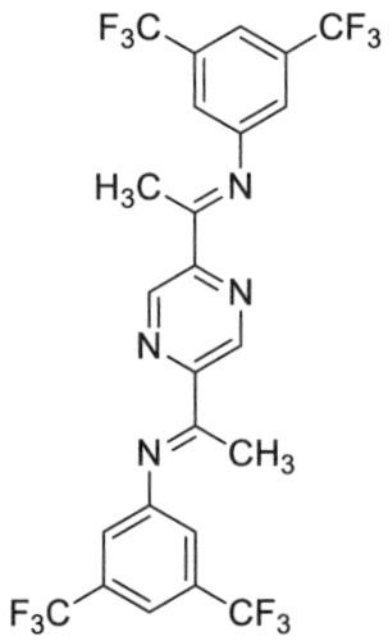

3,5-CF_3-bpip

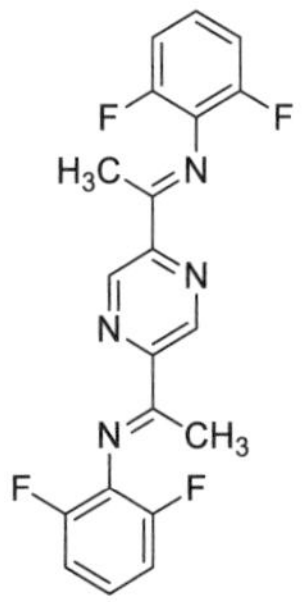

2,6-F-bpip

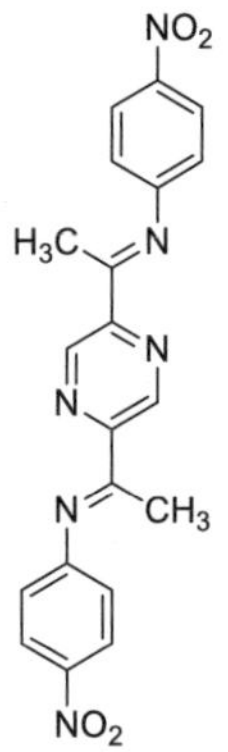

6-NO_2-bpip

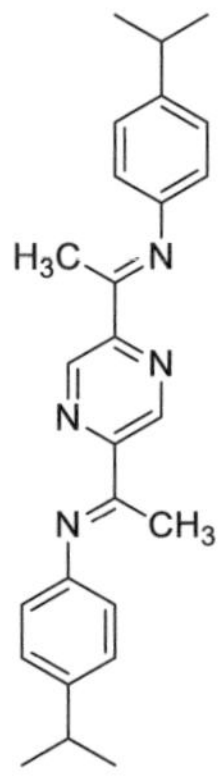

4-*i*Pr-bpip

Abbildung 19: Übersicht der untersuchten Liganden von links nach rechts: oben: 2,5-Bis((1-(2-trifluormethyl)phenyl)iminoethyl)pyrazin (2-CF_3-bpip), 2,5-Bis((1-(3,5-di-trifluormethyl)phenyl)iminoethyl) pyrazin (3,5-CF_3-bpip), 2,5-Bis((1-(2,6-difluor)phenyl)iminoethyl)pyrazin (2,6-F-bpip), unten: 2,5-Bis((1-(4-nitro)phenyl)iminoethyl)pyrazin (6-NO_2-bpip), 2,5-Bis((1-(4-isopropyl)phenyl)iminoethyl)pyrazin (4-*i*Pr-bpip).

4.2.2. Röntgendiffraktometrische Untersuchung von 3,5-CF_3-bpip

Von 3,5-CF_3-bpip konnten Einkristalle durch Umkristallisation aus Dichlormethan erhalten und röntgendiffraktometrisch untersucht werden. Die Molekül- und die Kristallstruktur sind in Abbildung 20 gezeigt. Die Kristalldaten der Strukturverfeinerung gibt Tabelle 1 an.

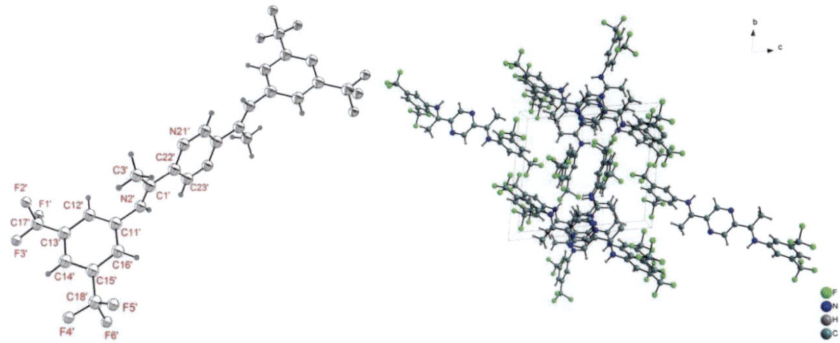

Abbildung 20: Molekülstruktur von 3,5-CF_3-bpip mit Schwingungsellipsoiden 30% (links) und Ausschnitt aus der Kristallstruktur entlang der kristallographischen a-Achse (rechts).

Tabelle 1: Kristalldaten der Strukturverfeinerung von 3,5-CF_3-bpip.[a]

Summenformel	$C_{48}H_{32}F_{24}N_8$
molare Masse [g/mol]	1176,80
Messtemperatur [K]	293
Kristallsystem	triklin
Raumgruppe	$P\bar{1}$ (Nr. 2)
Gitterparameter [Å,°]	a = 8,5083(2)
	b = 11,583(3)
	c = 13,443(3)
	α = 80,44(2)
	β = 81,34(2)
	γ = 85,17(2)
Zellvolumen [$Å^3$]	1289,2(5)
Formeleinheiten (Z) pro Elementarzelle	1
Dichte [g/cm3]	1,5157
F (000)	592,5
Kristallgröße [mm]	0,4 x 0,2 x 0,2
Kristallform / -farbe	Nadel, hell grün
gemessene / unabhängige Reflexe	15739 / 5817
R_{int}	0,1097
R-Werte (sämtliche Daten)	R_1 = 0,2434, wR_2 = 0,2923
endgültige R-Werte (I>2σ(I))	R_1 = 0,0860, wR_2 = 0,2257
Goodness-of-fit on F^2	0,750
Restelektronendichte [$e \cdot Å^{-3}$]	0,87/–0,75

[a]Wellenlänge λ = 0,71074 Å, Mo-Kα; Verfeinerungsmethode: kleinste Fehlerquadrate von F^2

3,5-CF_3-bpip kristallisiert in der triklinen Raumgruppe $P\bar{1}$ mit den Gitterparametern a = 8,5083(2), b = 11,583(3) c = 13,443(3) Å, den Winkeln α = 80,44(2) β = 81,34(2) γ = 85,17(2) und mit einer Formeleinheit pro Elementarzelle. Die Qualität des gemessenen Kristalls ist moderat, was sich in den R-Werten widerspiegelt und erklärt, warum die erhaltenen Bindungslängen und Winkel mit mäßiger Qualität gemessen werden können. Trotzdem lässt sich sagen, dass alle Bindungslängen den Erwartungen entsprechen.[106] Ausgewählte Bindungslängen und Bindungswinkel sind in Tabelle 2 angegeben. Der Diederwinkel N2'C1'C22'N21' beschreibt die Verdrehung der beiden chelatisierenden Stickstoffatome, dieser Winkel beträgt im freien 3,5-CF_3-bpip 172,0(5)°. Die Ebene, die durch das Pyrazinfragment aufgespannt wird, ist um 91,7(8)° zu der Ebene verdreht, die das Anilinfragment aufspannt.

Tabelle 2: Ausgewählte Bindungslängen und Bindungswinkel von 3,5-CF_3-bpip.

Bindungslänge [Å]		Bindungswinkel [°]	
C1'N2'	1,239(7)	N2'C1'C3'	125.1(5)
N2'C11'	1,419(7)	C1'C22'N21'	118,3(5)
C1'C3'	1,490(8)	C22'C1'C3'	117,7(5)
C22'C1'	1,489(7)	Diederwinkel[°]	
C23'C22'	1,391(7)	N2'C1'C22'N21'	172,0(5)
N21'C22'	1,338(7)	C1'N2'C11'C12'	091,7(8)

4.2.3. **UV/vis-Spektroskopie der Liganden**

Die UV/vis-Spektren der Verbindungen 2-CF_3-bpip, 3,5-CF_3-bpip, 2,6-F-bpip, 6-NO_2-bpip, 4-*i*Pr-bpip und des Edukts dapz wurden in CH_2Cl_2 aufgenommen und sind in Abbildung 21 gezeigt. In Tabelle 3 sind die Absorptionsmaxima der Verbindungen aufgelistet.

Alle gemessenen Verbindungen, die als Liganden verwendet werden sollen, weisen zwei scharfe Absorptionsmaxima im Ultraviolett-Bereich auf. Das erste dieser Maxima λ_1 befindet sich in einem Bereich von 230-240 nm. Die Reihenfolge der Absorptionsmaxima verläuft 4-NO_2-bpip < 2-CF_3-bpip < 3,5-CF_3-bpip = 2,6-F-bpip < 4-*i*Pr-bpip. Das zweite Maximum λ_2 liegt für alle Verbindungen in einem Bereich von 270-290 nm. Die Reihenfolge verläuft hier 2-CF_3-bpip < 4-NO_2-bpip < 4-*i*Pr-bpip < 2,6-F-bpip < 3,5-CF_3-bpip. Diese beiden ersten Maxima sind scharf und daher $\pi \rightarrow \pi^*$-Übergängen der Anilinfragmente in das Pyrazinfragment zuzuordnen.

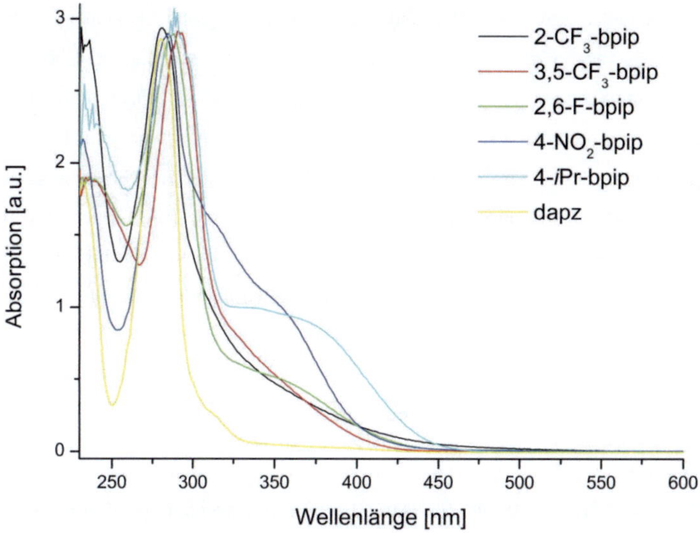

Abbildung 21: Normierte Absorptionsspekten der Verbindungen 2-CF_3-bpip, 3,5-CF_3-bpip, 2,6-F-bpip, 6-NO_2-bpip, 4-*i*Pr-bpip und ihrem Edukt dapz, gemessen in CH_2Cl_2.

Des Weiteren zeigen alle Verbindungen eine mehr oder weniger stark ausgeprägte Schulter λ_3 in einem Wellenlängenbereich von 342-376 nm mit der Reihenfolge 3,5-CF_3-bpip < 4-NO_2-bpip < 2,6-F-bpip < 2-CF_3-bpip < 4-*i*Pr-bpip. Bei dem Liganden 4-NO_2-bpip ist bei 313 nm eine Schulter zu erkennen die dem Übergang vom Nitrosubstituenten in den anilinischen Phenylring zuzuordnen ist.

Tabelle 3: Absorptionsmaxima der Liganden gemessen in CH_2Cl_2.

		$\pi\rightarrow\pi^*$	$\pi'\rightarrow\pi^*$
Verbindung	λ_1 [nm]	λ_2 [nm]	λ_3 [nm]
2-CF_3-bpip	232	279	372(sh)
3,5-CF_3-bpip	236	289	342(sh)
2,6-F-bpip	236	286	367(sh)
4-*i*Pr-bpip	240	285	376(sh)
4-NO_2-bpip	231	282	351(sh)
bmip	244	284	376(sh)
dapz	232	277	317(sh)

Im Vergleich zu den methylsubstituierten bpip-Derivaten, deren $\pi\rightarrow\pi^*$-Übergänge sich in einem Bereich von 240-250 nm befinden,[102,107] liegen die hier gemessenen Übergänge insgesamt bei kleineren Wellenlängen. Ähnlich zu den Derivaten mit Methylsubstituenten verhält sich das 4-*i*Pr-bpip, welches ebenfalls eine elektronenschiebende Gruppe enthält. Das Vorhandensein guter Donoreigenschaften des Anilins hebt das HOMO an. Die

Absorptionsspektren aller untersuchten Verbindungen weisen eine große Ähnlichkeit zu dem als Ausgangsmaterial verwendeten dapz auf. Bei diesem liegen die Banden $\pi \rightarrow \pi^*$-Übergänge bei 232, 277 und eine Schulter bei 317 nm. Vor allem die ersten beiden Absorptionsmaxima (λ_1 und λ_2) ähneln sich bei allen Verbindungen sehr stark. Daraus lässt sich schließen, dass dieser Übergang von dem Pyrazinfragment dominiert wird, da die Substitution des Anilinfragmentes kaum Auswirkungen auf die Energie des Übergangs zeigt. Einen größeren Einfluss hat die Substitution des Anilinfragmentes auf das dritte Absorptionsmaximum (λ_3), somit findet hier ein Übergang mit überwiegender Anilinbeteiligung ($\pi' \rightarrow \pi^*$) statt.

4.2.4. **Cyclovoltammetrische Messungen der Liganden**

Alle Verbindungen wurden in THF/nBu$_4$NPF$_6$ bei Raumtemperatur mit einer Vorschubgeschwindigkeit von 100 mV/s elektrochemisch untersucht. Exemplarisch ist das Cyclovoltammogramm von 4-NO$_2$-bpip in Abbildung 22 gezeigt, alle weiteren Daten sind in Tabelle 4 zusammengefasst.

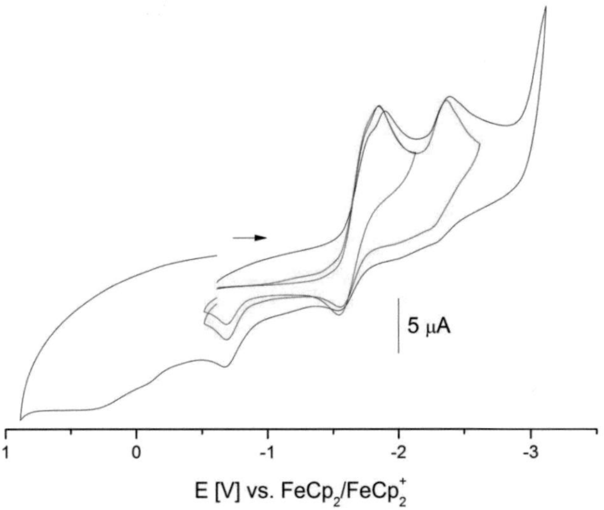

Abbildung 22: Cyclovaltmmogramm von 4-NO$_2$-bpip, gemessen in THF/nBu$_4$NPF$_6$ mit einer Vorschubgeschwindigkeit von 100 mV/s gegen das Redoxpaar $FeCp_2/FeCp_2^+$.

Mit Ausnahme von 2,6-F-bpip, zeigen alle Cyclovoltammogramme im Wesentlichen zwei Reduktionswellen, was mit denen von dapz und dem bereits Veröffentlichten bmip übereinstimmt.[102,107] 2,6-F-bpip weist zusätzlich ein dritte Reduktion auf.

Die erste Reduktion verläuft in allen Fällen reversibel und das Potential steigt in der Reihenfolge 4-NO_2-bpip < 3,5-CF_3-bpip < 2-CF_3-bpip < 2,6-F-bpip < 4-*i*Pr-bpip. Bei der Verbindung 4-NO_2-bpip handelt es sich bei der ersten Reduktionswelle um eine Reduktion der Nitro-Gruppe. Die Welle der zweiten Reduktion verläuft reversibel bei den Liganden 2-CF_3-bpip, 4-*i*Pr-bpip und 4-NO_2-bpip, sowie der Vorstufe dapz. Sie verläuft irreversibel bei 3,5-CF_3-bpip und 2,6-F-bpip sowie auch bei bmip. Die Differenz zwischen dem ersten und dem zweiten Reduktionspotential liegt für fast alle Liganden in einem ähnlichen Bereich von 0,57 bis 0,71 V. Nur der Ligand 4-*i*Pr-bpip fällt aus diesem Trend, mit einer geringeren Potentialdifferenz von 0,38 V heraus.

Tabelle 4: Elektrochemische Daten der Liganden.[a]

Verbindung	E (Red 1)	E (Red 2)	E (Red 3)	ΔE (Red 1–Red 2)
4-NO_2-bpip	–1,65	–2,31	-	0,66
3,5-CF_3-bpip	–1,70	–2,37 (irr)	-	0,68
2-CF_3-bpip	–1,88	–2,59	-	0,71
2,6-F-bpip	–2,18	–2,75 (irr)	–3,42 (irr)	0,57
4-*i*Pr-bpip	–2,36	–2,74	-	0,38
bmip[107]	–2,14	–2,75 (irr)	-	0,60
dapz	–1,95	–2,62	-	0,67

[a] Potentiale in V, gemessen in 0,1 M THF/*n*Bu_4NPF_6 mit einer Vorschubgeschwindigkeit 100 mV/s referenziert gegen Ferrocen/Ferrocenium, angegeben bei reversiblen Prozessen $E_{1/2}$ Halbstufenpotential, bei irreversiblen Prozessen Epa anodisches Peakpotential oder Epc kathodisches Peakpotential.

Das erste Reduktionspotential des methylsubstituierten bmip liegt bei –2,14 V mit einer Potentialdifferenz 0,60 V. Somit liegen die Potentiale von 4-NO_2-bpip, 3,5-CF_3-bpip und 2-CF_3-bpip unter dem Wert des literaturbekannten Vergleichsliganden bmip und die Potentiale von 2,6-F-bpip und 4-*i*Pr-bpip darüber.

Wird die erste Reduktion als Maß für die Reduktionsstabilität betrachtet, ergibt sich, dass die Kombination aus negativem induktivem Effekt und negativem mesomerem Effekt der funktionellen Gruppe am Anilinfragment bei der Verbindung 4-NO_2-bpip das instabilste System bildet. Darauf folgen die beiden Liganden mit CF_3-Gruppen, welche nur einen negativen induktiven Effekt besitzen. Der positive mesomere Effekt bildet bei dem fluorsubstituierten Derivat in Verknüpfung mit dem negativen induktiven Effekt dieser Gruppe ein ähnlich stabiles System, wie die methylsubstituierten Derivate. Am stabilsten ist die Verbindung 4-*i*Pr-bpip.

Betrachtet man die Komponenten aus den diese Liganden hergestellt werden, zeigt Pyrazin eine reversible Reduktion bei -1,57 V in wässriger Lösung gegen eine Quecksilberelektrode.[108–110] Das daraus synthetisierte dapz zeigt zwei reversibel Reduktionen bei –1,95 und –2,62 V. Daraus folgt, dass die erste Reduktion hauptsächlich im Pyrazinfragment lokalisiert ist und die

Möglichkeit zur zweiten Reduktion erst durch eine Erweiterung des Systems mit, im einfachsten Fall einer Acetylfunktion, zugänglich ist.

4.2.5. **Synthese und Syntheseversuche der Komplexe**

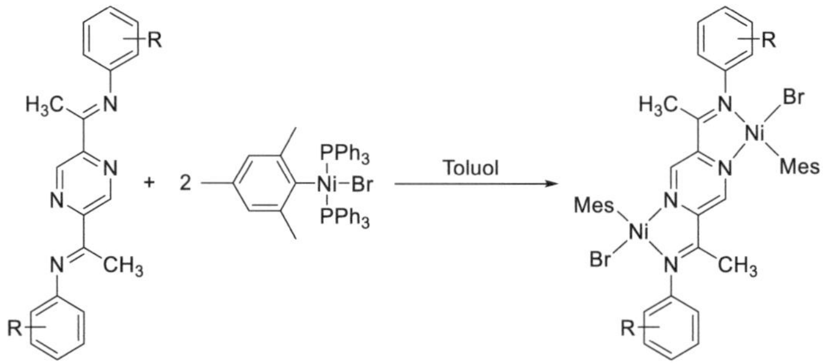

Schema 9: Schematische Darstellung der Komplexbildungsreaktion.

Zunächst wurde versucht die gewünschten Komplexe gemäß der bekannten Literatur wie in Schema 9 zu synthetisierten.[102,107] Ein Äquivalent Ligand, gelöst in Toluol, wurde zu zwei Äquivalenten Precursor [$(PPh_3)_2$Ni(Mes)Br], ebenfalls in Toluol gelöst, hinzugefügt und über Nacht gerührt. Nach dem Zusammengeben der beiden Komponenten trat bei allen Verbindungen nach wenigen Minuten ein Farbumschlag zu dunkelgrün bis braun auf. Dies zeigt die Bildung der Komplexe an.[102] Nach dem Ausfällen mit Pentan und anschließender Trocknung unter vermindertem Druck, konnte allerdings nur der Precursor im Rückstand nachgewiesen werden. Es ist bekannt, dass aufgrund der geringen Basizität dieser Liganden leicht eine Rückreaktion mit dem, noch in der Reaktionslösung enthaltenen, PPh_3 zum Ausgangskomplex [$(PPh_3)_2$Ni(Mes)Br] stattfindet.[102] Daher wurde nun das Lösungsmittel variiert, um die Rückreaktion zu verhindern. Allerdings konnten aus THF, CH_2Cl_2 und auch direkter Reaktion in *n*-Pentan kein isolierbarer Zielkomplex erhalten werden. Einige Komplexe konnten durch Synthese in einem Lösungsmittelgemisch Toluol:Dichlormethan (3:1) in Anlehnung an die Synthese von [(bpip)Re$(CO)_3$Cl] synthetisiert werden.[93] Weitere Analytik schlug fehl, da unter den gewählten Bedingungen eine Reduktion der Komplexe stattfand, welche an einem Farbumschlag von grün zu blau zu erkennen war.

Klein et. al. beschreiben die spektroelektrochemischen Eigenschaften der Komplexe mit methylsubstituierten Derivaten von bpip. Daraus geht hervor, dass das Auftreten einer Bande bei ungefähr 600 nm auf die Entstehung des einfach reduzierten Komplexes hindeutet.[102]

Trotz Austausch des Bromido-liganden durch andere Halogenidoliganden, sowie Austausch des Mesitylliganden durch andere Arylliganden in weiteren Precursor-Derivaten $[(PPh_3)_2Ni(aryl)X]$, konnten die gewünschten Komplexe nicht isoliert werden. Es wurden auch einige Versuche unternommen, die grundsätzliche Bindungsfähigkeit der neuen Liganden zu untersuchen. Dazu wurden als Precursor andere Metalle-Komplexe, wie zum Beispiel $[(DMSO)_2PtCl_2]$ oder $[CuCl(PPh_3)_3]$ für die Synthese verwendet. Aber auch diese Reaktionen führten nicht zu einwandfrei charakterisierbaren Zielkomplexen, obwohl vom bpip-Derivat entsprechende Komplexe bekannt sind.[102] Aufgrund dieser Schwierigkeiten wurden alle weiteren Messungen an *in situ* Umsetzungen von Ligand und Precursor durchgeführt. *J.-M. Lehn* beschreibt diese Vorgehensweise als dynamische, adaptive oder auch konstitutionell-dynamische Chemie.[111,112]

4.2.6. **UV/vis-spektroskopische Titration**

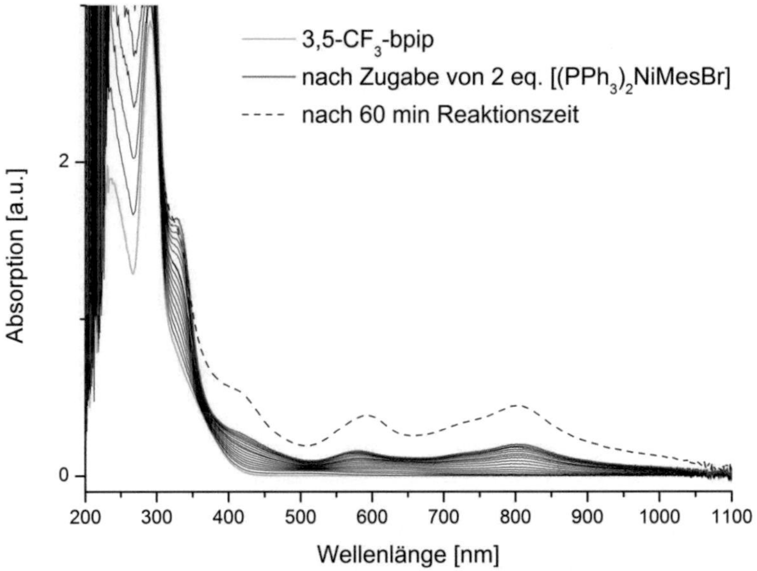

Abbildung 23: UV/vis-spektroskopische Titration von 3,5-CF_3-bpip mit $[(PPh_3)_2Ni(Mes)Br]$ in CH_2Cl_2.

Aufgrund der Instabilität der Komplexe sollten alle spektroskopischen Charakterisierungen durch kombinierte In-Situ-Synthese-Titrations-Spektroskopie beziehungsweise In-Situ-Synthese-Titrations-Elektrochemie erfolgen. Das ist insoweit relevant für die Katalyse, da ja dort in vielen Ansätzen ohnehin von Mischungen von Metallsalzen und spezifischen Liganden ausgegangen wird. Im vorliegenden Fall würde ja auch schon eine teilweise Bildung des Katalysators unter Umständen reichen um katalytische Aktivität zu generieren. Umgekehrt ist klar, dass sich die spektroskopischen und elektrochemischen Experimente an den Gleichgewichten 2 [(PPh_3)$_2$Ni(Mes)Br] + μ-N^N ⇌ [(μ-N^N){Ni(Mes)Br}$_2$] + 2 PPh_3 (1) vor allem dann verkomplizieren, wenn weitere Gleichgewichte wie etwa die elektrochemische Reduktion der Komplexe [(μ-N^N){Ni(Mes)Br}$_2$] + e^- ⇌ [(μ-N^N){Ni(Mes)Br}$_2$]$^{\bullet-}$ (2) und die daraus vermutlich folgende Abspaltung der Bromido-Coliganden [(μ-N^N){Ni(Mes)Br_2}]$^{\bullet-}$ ⇌ [(μ-N^N){Ni(Mes)}{Ni(Mes)Br}]$^{\bullet}$ + Br^- (3) hinzu kommen.[102]

Der einfachste Fall (1) ist daher sicher bei der absorptionsspektroskopischen Charakterisierung gegeben, daher sollten daraus auch die Gleichgewichtskonstanten von (1) am einfachsten abgeschätzt werden können.

Für die UV/vis-spektroskopische Charakterisierung, wurde der jeweilige Ligand gelöst in CH_2Cl_2 vorgelegt und der Precursor [(PPh_3)$_2$Ni(Mes)Br], ebenfalls in CH_2Cl_2 gelöst, in kleinen Portionen zugegeben, bis insgesamt zwei Äquivalente zugegeben wurden. In Abbildung 23 sind exemplarisch die Ergebnisspektren der UV/vis-spektroskopische Titration von 3,5-CF_3-bpip in CH_2Cl_2 gezeigt. Die Ergebnisse aller Messungen sind in Tabelle 5 zusammengefasst. Alle Komplexe zeigten bereits kurz nach der Zusammengabe ihrer Komponenten eine intensive grüne Färbung.

Tabelle 5: Absorptionsmaxima der Komplexe erzeugt durch UV/vis-spektroskopische Titration mit [(PPh_3)$_2$Ni(Mes)Br] in CH_2Cl_2

Beobachteter Ligand	λ_3 [nm]	λ_4 [nm]	λ_5 [nm]	λ_6 [nm]	λ_7 [nm]
2-CF_3-bpip	333	494	-	-	-
3,5-CF_3-bpip	330	418	590	800	-
2,6-F-bpip	330	438	577	806	-
4-*i*Pr-bpip	-	419	590	774	934
4-NO_2-bpip	336	450	570	809	-
bmip	330	397	595	783	930
[(PPh_3)$_2$Ni(Mes)Br]	334	444	-	-	-

Die UV/vis-Spektren aller Komplexe zeigen insgesamt sechs Hauptabsorptionsmaxima (λ_1-λ_6). Die beiden im kurzwelligen Bereich sichtbaren Banden der $\pi\rightarrow\pi^*$-Übergänge (λ_1 und λ_2) der Liganden werden hier außer Acht gelassen. Die nächsten beiden Absorptionsmaxima liegen in einem Bereich von 330-336 nm für λ_3 und 418-494 nm für λ_4. Eine Ausnahme bildet der Komplex mit 4-*i*Pr-bpip. Die kurzwelligste Bande bei 376 nm im freien Liganden verschwindet während der Titration vollkommen. Bei den Komplexen [(3,5-CF_3-bpip){Ni(Mes)Br}$_2$], [(2,6-F-bpip){Ni(Mes)Br}$_2$], [(4-*i*Pr-bpip){Ni(Mes)Br}$_2$] und [(4-NO_2-bpip){Ni(Mes)Br}$_2$] treten zwei Maxima im längerwelligen Bereich von 570-590 nm für λ_5 und 774-809 nm für λ_6 auf.

Anhand der Intensitäten und durch Vergleich mit den ähnlichen bekannten mononuklearen Komplexen z.B. [(bpy)Ni(Mes)Br][89] lassen sich die Banden bei den niedrigen Wellenlängen ligandzentrierten $\pi \rightarrow \pi^*$-Übergängen zuordnen. Die beiden Banden bei hohen Wellenlängen rühren von einem Metall zu Ligand Charge-Transfer (MLCT) Übergang her. Die niedrige Energie dieser Charge-Transfer Übergänge kann durch ausgeprägte elektronische Kopplung der zwei Metallzentren durch die Ligandbrücke über ihre niedrigliegenden π^*-Orbitale erklärt werden.[98–100] Somit ist das Auftreten dieser bathochrom verschobenen Bande eines Charge-Transfer Übergangs in einem Bereich bei ca. 800 nm ein klares Anzeichen für die Entstehung eines Komplexes.

Der Komplex [(2-CF_3-bpip){Ni(Mes)Br}$_2$] zeigt weder eine CT-Bande bei 800 nm, noch eine Bande des reduzierten Komplexes bei 600 nm. Daher kann davon ausgegangen werden, dass sich dieser Komplex weder in seiner neutralen noch seiner reduzierten Form bildet.

4.2.7. **Elektrochemische Untersuchung der Komplexe**

Die Cyclovoltammogramme der Komplexe wurden durch *in situ* Umsetzung von einem Äquivalent des jeweiligen Liganden mit zwei Äquivalenten des Precursors [$(PPh_3)_2$Ni(Mes)Br] in THF/$n$$Bu_4NPF_6$ mit einer Vorschubgeschwindigkeit von 100 mV/s gegen das Redoxpaar $FeCp_2/FeCp_2^+$ gemessen. Die Ergebnisse aller Messungen sind in Tabelle 6 zusammengefasst. Exemplarisch sind die Cyclovoltammogramme von [(4-*i*Pr-bpip){Ni(Mes)Br}$_2$] in Abbildung 24 gezeigt.

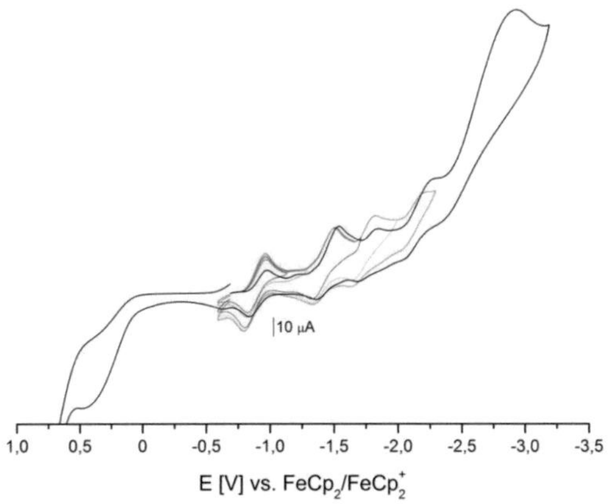

Abbildung 24: Cyclovoltammogramm nach der *in situ* Umsetzung von 1 Äq. 4-*i*Pr-bpip mit 2 Äq. [$(PPh)_3$Ni(Mes)Br], gemessen in THF/$n$$Bu_4NPF_6$ mit einer Vorschubgeschwindigkeit von 100 mV/s, gegen das Redoxpaar $FeCp_2/FeCp_2^+$.

In dem als Precursor verwendeten Komplex $[(PPh_3)_2Ni(Mes)Br]$ tritt, neben den zwei Oxidationen der Triphenlyphosphingruppen, lediglich eine reversible Reduktion bei –2,68 V auf. Das erste Reduktionspotential aller Komplexen liegt deutlich höher als das Reduktionspotential von $[(PPh_3)_2Ni(Mes)Br]$ und ebenso auch höher als die Reduktionspotentiale ihrer zugehörigen freien Liganden.

Bei den Komplexen $[(3,5\text{-}CF_3\text{-bpip})\{Ni(Mes)Br\}_2]$ und $[(4\text{-}i\text{Pr-bpip})\{Ni(Mes)Br\}_2]$ treten insgesamt vier Reduktionen auf. Hier liegt das erste Reduktionspotential mehr als ein Volt höher als das ihrer korrespondierenden Liganden. Der Komplex $[(3,5\text{-}CF_3\text{-bpip})\{Ni(Mes)Br\}_2]$ zeigt drei reversible Reduktionen bei –0,64, –1,39 und –1,70 V, wobei die zweite Reduktion bei –1,18 V irreversibel verläuft. Bei dem Komplex $[(4\text{-}i\text{Pr-bpip})\{Ni(Mes)Br\}_2]$ verlaufen die ersten drei Reduktionen reversibel bei –0,75, –1,42 und –1,73 V, gefolgt von einer irreversiblen Reduktion bei –2,20 V.

Tabelle 6: Elektrochemische Daten der *in situ* Umsetzung von 1 Äq. Ligand mit 2 Äq. $[(PPh_3)_2Ni(Mes)Br]$.[a]

Verbindung	E (Ox)	E (Red 1)	E (Red 2)	E (Red 3)	E (Red 4)
$[(3,5\text{-}CF_3\text{-bpip})\{Ni(Mes)Br\}_2]$		–0,64	–1,18 (irr)	–1,39	–1,70
$[(4\text{-}i\text{Pr-bpip})\{Ni(Mes)Br\}_2]$		–0,75	–1,42	–1,73	–2,20 (irr)
$[(4\text{-}NO_2\text{-bpip})\{Ni(Mes)Br\}_2]$				–1,65	–2,57 (irr)
$[(2,6\text{-F-bpip})\{Ni(Mes)Br\}_2]$				–1,94 (irr)	–2,60 (irr)
$[(\text{bmip})\{Ni(Mes)Br\}_2]$	0,36	–0,83		–1,77	
$[(PPh_3)_2Ni(Mes)Br]$	1,06/0,80				–2,68

[a]Potentiale in V, gemessen in 0,1 M $THF/n\text{Bu}_4NPF_6$ mit einer Vorschubgeschwindigkeit von 100 mV/s referenziert gegen Ferrocen/Ferrocenium, angegeben bei reversiblen Prozessen $E_{1/2}$ Halbstufenpotential bei irreversiblen Prozessen Epa anodisches Peakpotential oder Epc kathodisches Peakpotential.

Die Komplexe $[(2,6\text{-F-bpip})\{Ni(Mes)Br\}_2]$ und $[(4\text{-}NO_2\text{-bpip})\{Ni(Mes)Br\}_2]$ weisen zwei Reduktionen auf. $[(2,6\text{-F-bpip})\{Ni(Mes)Br\}_2]$ zeigt zwei irreversible Reduktion bei –1,94 und –2,60 V. Bei $[(4\text{-}NO_2\text{-bpip})\{Ni(Mes)Br\}_2]$ hingegen verläuft die erste Reduktion reversibel und bei gleichem Potential wie der entsprechende freie Ligand bei –1,65 V. Daher kann davon ausgegangen werden, dass eine hohe Beteiligung der Nitrogruppe vorliegt. Die zweite Reduktion ist irreversibel bei –2,57 V. Die bei den methylsubstituierten Derivaten beobachtete Ni(II) → Ni(III) Oxidation ist bei diesen Verbindungen nicht zu finden.[90,91] Im Vergleich mit anderen Übergangsmetallkomplexen mit ähnlichen Liganden ist von einer ligandzentrierten Reduktion auszugehen. [92–101]

Zur weiteren Aufklärung der während der elektrochemischen Messungen auftretenden Komponenten, wurde eine Titration durchgeführt, welche durch die Aufnahme von Square-Wave Voltammogrammen in $CH_2Cl_2/n\text{Bu}_4NPF_6$ mit einer Vorschubgeschwindigkeit von 20 mV/s aufgenommen wurden. Hierbei wurden zwei Äquivalente des Precursors

[$(PPh_3)_2$Ni(Mes)Br] in CH_2Cl_2/$n$$Bu_4NPF_6$ gelöst und schrittweise insgesamt ein Äquivalent des Liganden 3,5-CF_3-bpip zugefügt. Das Ergebnis ist in Abbildung 25 dargestellt.

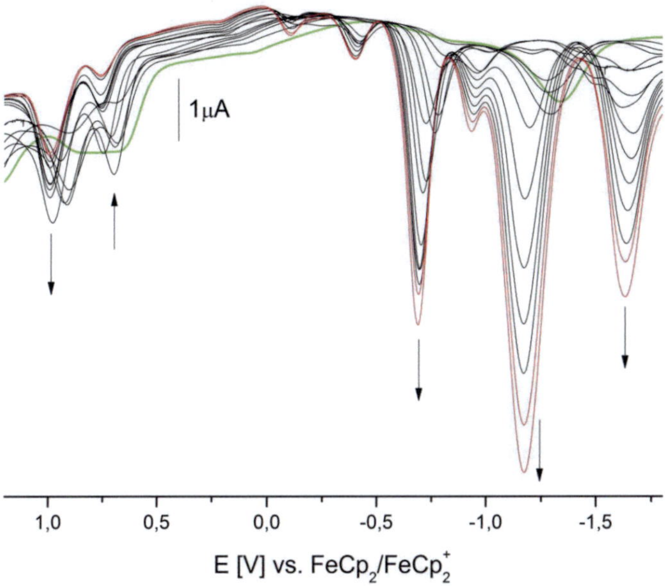

Abbildung 25: Square-Wave Voltammogramme während der Reaktion von 2 Äq. [$(PPh_3)_2$Ni(Mes)Br] bei schrittweiser Zugabe von 3,5-CF_3-bpip.

Im Ausgangsvoltammogramm (grün) findet sich eine breite Bande von 0,85 bis 0,71 V, welche die Oxidationen der beiden Triphenylphosphingruppen repräsentiert. Während der Titration separieren sich die Banden zunächst, anschießend wächst die Bande bei 0,85 V, während die Bande bei 0,71 V abnimmt, bis im Endvoltammogramm nur noch eine Bande bei 0,97 V zu sehen ist. Drei neue Banden erscheinen im Reduktionsbereich bei –0,70, –1,17 und –1,61 V. Diese entsprechen nicht den Banden im freien Liganden bei –1,70 und –2,37 V, stattdessen stimmen die Potentiale mit denen der Cyclovoltammetrie überein.

4.2.8. **Spektroelektrochemie der Komplexe**

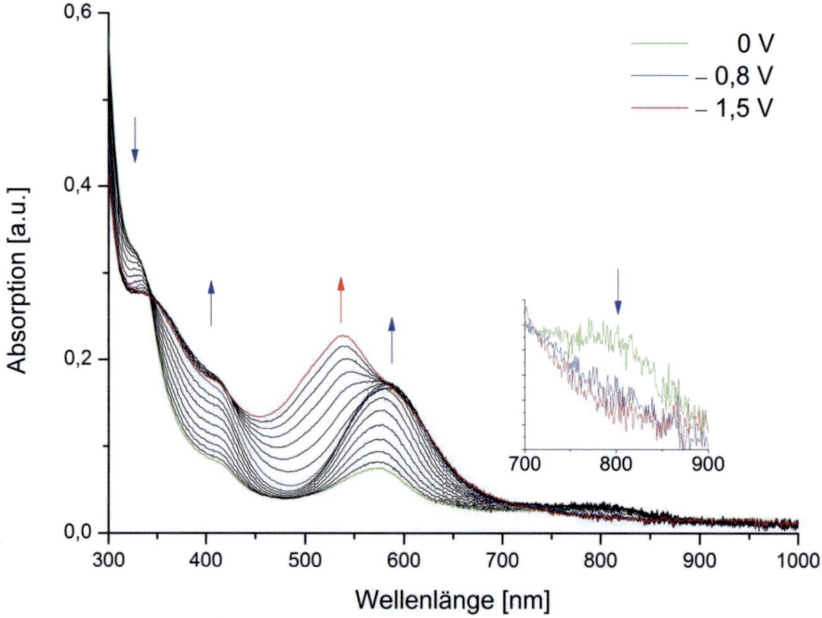

Abbildung 26: UV/vis-Absorptionsspektren von [(3,5-CF_3-bpip){Ni(Mes)Br}$_2$] nach *in situ* Synthese während der kathodischen Reduktion in CH_2Cl_2/$n$$Bu_4NPF_6$ in einer OTTLE-Zelle. Anfangsspektrum: grün; erste Reduktion: blau; zweite Reduktion: rot. Mit Vergrößerung des Bereichs von 700-900 nm (Insert).

Zur genaueren Untersuchung der Art der bei der Reduktion entstehenden Spezies wurden von allen *in situ*, durch Umsetzung von einem Äquivalenten des jeweiligen Liganden mit zwei Äquivalenten des Precursors [$(PPh_3)_2$Ni(Mes)Br] in CH_2Cl_2/$n$$Bu_4NPF_6$, erzeugten Komplexen UV/vis-Spektren während der kathodischen Reduktion aufgenommen. Die Spektren der Verbindung [(3,5-CF_3-bpip){Ni(Mes)Br}$_2$] ist in Abbildung 26 gezeigt. Die Ergebnisse aller Messungen sind in Tabelle 7 angegeben. Alle untersuchten Komplexe erscheinen nach ihrer Reduktion blau.

Auf der Zeitskala der spektroelektrochemischen Messung (30-60min) verlaufen die Reduktionen für alle untersuchten Verbindungen nicht reversibel. Die langwelligste Bande λ_6 verschwindet bei allen Komplexen bereits während der ersten Reduktion. Die zweite Reduktion führt zu einer hypsochromen Verschiebung von λ_5 und einer Erhöhung der Intensität der Banden im sichtbaren Bereich λ_4 und λ_5. Ähnliche Absorptionen wurden auch bei den reduzierten Spezies der bpip-Komplexe von [Re$(CO)_3$Cl] und [M(C_5Me_5)Cl] (M = Ir or Rh) beobachtet.[93,95] Daher kann gesagt werden, dass die Reduktionen hauptsächlich ligandzentriert ablaufen. Bei dem Komplex [(4-*i*Pr-bpip){Ni(Mes)Br}$_2$] erscheint eine neue Bande, die somit einem $\pi \rightarrow \pi^*$-Übergang des reduzierten Liganden zugeordnet werden kann.

Tabelle 7: Absorptionsmaxima der Verbindungen während der kathodischen Reduktion in CH_2Cl_2/*n*Bu_4NPF_6.[a]

Verbindung	λ_3 [nm]	λ_4 [nm]	λ_5 [nm]	λ_6 [nm]
[(3,5-CF_3-bpip){Ni(Mes)Br}$_2$]	330	418	573	800
Red 1 –0,80 V	-	418 +	581	-
Red 2 –1,50 V	-	418 +	539	-
[(2,6-F-bpip){Ni(Mes)Br}$_2$]	330	438	577	806
Red 1 –0,80 V	-	373	600 +	-
[(4-iPr-bpip){Ni(Mes)Br}$_2$]	-	419	590	774
Red 1 –1,10 V	381	419 +	567	-
Red 2 –1,80 V	413	419 +	536	-
[(4-NO_2-bpip){Ni(Mes)Br}$_2$]	336	450	570	809
Red 1 –0,60 V	353	-	-	-
Red 2 –1,80 V	343	416	501	-
[(bmip){Ni(Mes)Br}$_2$]	330	397	595	783
Red 1 –0,60 V				
Red 2 –1,80 V				

[a]+ gibt einen Anstieg der Intensität an.

Die teilweise Irreversibilität der ersten Reduktionen ist, wie in dem zuvor schon untersuchten Derivat[102] wahrscheinlich auf die Abspaltung von Bromid (Gleichung 3) zurückzuführen. Aufgrund der Anwesenheit mehrerer Gleichgewichte bei diesen spektroelektrochemischen Untersuchungen, ist eine quantitative Aussage darüber, ob die Abspaltung bei den elektronenarmen Derivaten der Komplexe langsamer ist als bei den elektronenreichen (was eine Intention dieser Studie war), leider nicht möglich. Im Vergleich mit den elektronenreichen Derivaten lässt sich aber durchaus qualitativ eine Verlangsamung der Bromid-Aufspaltung erkennen. Das Auftreten von isoelektrischen Punkten verrät jedoch, dass die elektrochemische Reaktion stets am schnellsten verläuft und die chemischen (Folge-)Reaktionen eindeutige Produkte liefern.

4.2.9. Pulverdiffraktometrie von [(2,6-F-bpip){Ni(Mes)Br}$_2$]

Von dem isolierten Komplex [(2,6-F-bpip){Ni(Mes)Br}$_2$] sowie dem zugehörigen Liganden (2,6-F-bpip) und dem verwendeten Precursor [$(PPh_3)_2$Ni(Mes)Br] wurden Röntgenpulverdiffraktogramme aufgenommen. Die Messung erfolgte mit monochromatischer Cu-Kα-Strahlung der Wellenlänge 1,5406 Å und einer Messzeit von 780 Minuten für 2,6-F-bpip und [(2,6-F-bpip){Ni(Mes)Br}$_2$] und von 60 Minuten für [$(PPh_3)_2$Ni(Mes)Br]. Die Korrektur erfolgte über den NAC-Standard (NAC = $Na_2Ca_3Al_2F_{14}$). In Abbildung 27 ist das

Pulverdiffraktogramm von [$(PPh_3)_2$Ni(Mes)Br] in schwarz, das von (2,6-F-bpip) in rot und [(2,6-F-bpip){Ni(Mes)Br}$_2$] in grün gezeigt. Es ist zu sehen, dass die Reflexlagen und Intensitäten bei allen Diffraktogrammen nicht übereinstimmen, was ein Anzeichen dafür ist, dass der Komplex [(2,6-F-bpip){Ni(Mes)Br}$_2$] entstanden ist und isoliert wurde.

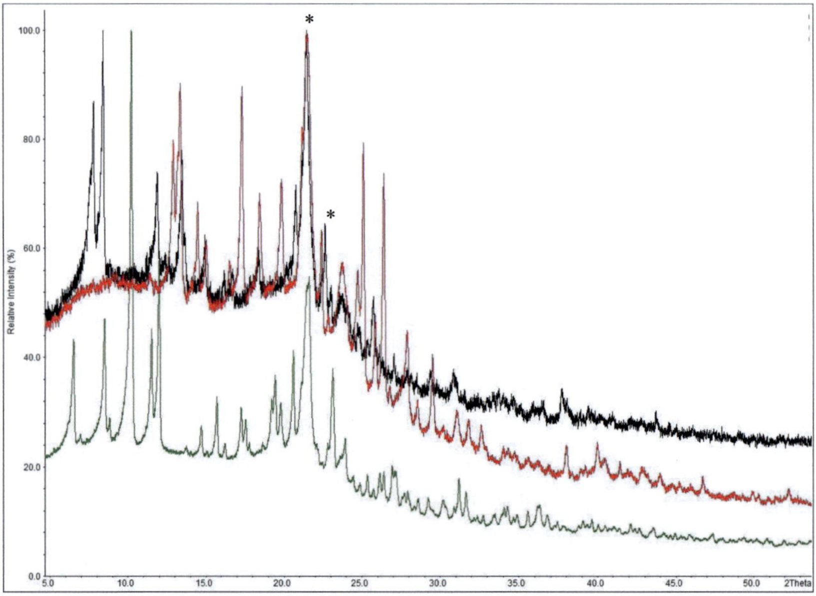

Abbildung 27: Röntgenpulverdiffraktogramm von [$(PPh_3)_2$Ni(Mes)Br] schwarz; 2,6-F-bpip rot und [(2,6-F-bpip){Ni(Mes)Br}$_2$] grün. Cu-Kα-Strahlung, 1,5406 Å; Messzeit 780 Minuten für 2,6-F-bpip und [(2,6-F-bpip){Ni(Mes)Br}$_2$]; 60 Minuten für [$(PPh_3)_2$Ni(Mes)Br]. *Folienreflexe bei 21,4°; 23,6° 2Θ.

4.3. Zusammenfassung

Es konnten die fünf bisher in der Literatur noch nicht bekannten Liganden 2-CF_3-bpip, 3,5-CF_3-bpip, 2,6-F-bpip, 6-NO_2-bpip und 4-*i*Pr-bpip synthetisiert und umfassend charakterisiert werden.

Verschiedene Arten der Synthese für Komplexe dieser Liganden mit zwei {Ni(Mes)Br}-Einheiten wurden versucht, allerdings konnten keine vollständig untersuchbaren Komplexe isoliert werden. Nur von [(2,6-F-bpip){Ni(Mes)Br}$_2$] konnte ein Pulverdiffraktogramm nach Isolation durchgeführt werden. Daher wurden alle weiteren Untersuchungen nach dem Prinzip der konstitutionell-dynamischen Chemie an *in situ* erzeugten Komplexen durchgeführt.

Komplexe konnten von vier der fünf zuvor synthetisierten Liganden umfassend UV/vis-spektroskopisch und elektrochemisch untersucht werden.

Charakteristisch für Komplexe dieser Art ist das Auftreten mehrerer sehr langwelliger Absorptionsbanden, die für einen MLCT-Übergang sprechen. Elektrochemisch verhalten sich die Komplexe ähnlich zu ihren Liganden, woraus man schließen kann, dass die auftretenden Reduktionen hauptsächlich ligandzentriert ablaufen. Die Spektroelektrochemie bestätigt diese Annahme durch das Verschwinden der Bande des MLCT-Übergangs und das Auftreten eines $\pi \rightarrow \pi^*$-Übergangs des reduzierten Liganden. Diese Messungen zeigen, dass man Messungen an multiplen Gleichgewichten durchführen kann.

Der Austausch der elektronenschiebenden Methylgruppen an den Derivaten des bpip-Liganden durch elektronenziehende Gruppen führte zwar dazu, dass die Komplexe des Typs $[(\mu N^\wedge N)\{Ni(Mes)Br\}_2]$ nicht mehr isoliert werden konnten, aber diese Komplex zeigen eine noch langwelligere Absorption und höhere Reduktionspotentiale, was auf eine langsamere Bromidabspaltung schließen lässt.

Weiterführend sind ESR-spektroskopische Messungen der reduzierten Liganden durchzuführen. Es wurden erste Versuche zur Unterdrückung der Reduktion, durch das Aufbauen einer oxidativen Atomsphäre mittels Einleiten von Sauerstoff oder hinzufügen von elementaren Brom, unternommen. Hier steht noch weiterführende Analytik aus. Des Weiteren sind katalytische Untersuchungen der Komplexe geplant.

5. Fünffach koordinierte Nickel(II)-Fluoralkyl-Komplexe als Vorstufe für eine spektroskopisch detektierbare Ni(III)-Spezies

5.1. Einleitung

Für Alkyl-Alkyl-Kreuzkupplungen, die unter Negishi-ähnlichen Bedingungen mit einem Terpyridinnickel-Komplex ablaufen, wird ein Mechanismus, wie in Schema 10 gezeigt, vorgeschlagen.[113] Die Intermediate **A**, **B** und **D** sind bereits strukturell charakterisiert und spektroskopisch und computerchemisch analysiert worden.[113–116]

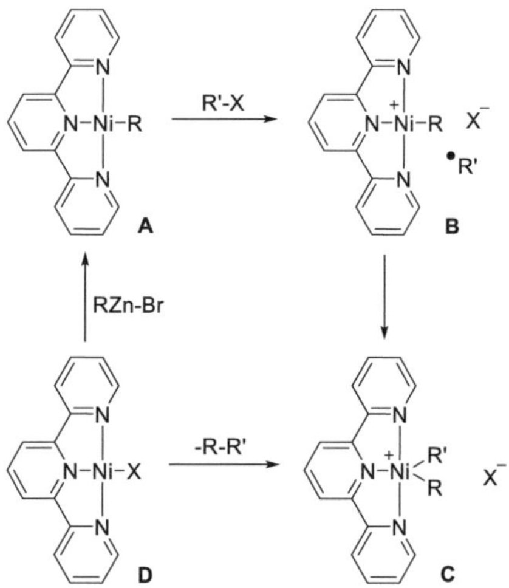

Schema 10: Postulierter Katalysezyklus einer Alkyl-Alky-Kreuzkupplung vermittelt durch einen Terpyridinnickel-Komplex.

Intermediat **A** wird als eine Ni(II)-Spezies mit einem reduzierten Terpyridinliganden beschrieben, während **D** eine Ni(I)-Spezies ist, bei der das ungepaarte Elektron am Metallzentrum lokalisiert ist. Die einzige noch nicht untersuchte Komponente in diesem Katalysezyklus ist ein hochvalentes Ni(III)-Intermediat **C**, welches zusammen mit Alkylradikalen eine wichtige Rolle einnimmt. Um die Reaktivität dieser Spezies zu kontrollieren, wurden Fluoralkylliganden eingeführt, welche bekanntermaßen höhere Oxidationsstufen von Metallen stabilisieren können.[117,118] Außerdem haben Berechnungen an $[(bpy)Ni(Alkyl)_2]$-Systemen gezeigt, dass das höchste besetzte Molekülorbital (HOMO) des $[(bpy)Ni(CF_3)_2]$ mehr als 1 eV stabiler ist als das des nicht fluorierten Komplexes $[(bpy)Ni(CH_3)_2]$.[119]

Aufgrund dieser Ergebnisse sollen die Alkyl-Gruppen in Komplex **C** (Schema 10) durch Fluoralkyl-Gruppen ersetzt werden, um eine Spezies zu generieren, die eine Lebensdauer im Bereich der Zeitskala einer geeigneten Messmethode (z.B. ESR) aufweist.

5.2. Darstellung und Diskussion der Ergebnisse

Dieses Projekt wurde in einer Kooperation mit der Arbeitsgruppe von Prof. *Dr. D. Vicic*, Lehigh University, Bethlehem, Pennsylvania, USA durchgeführt.

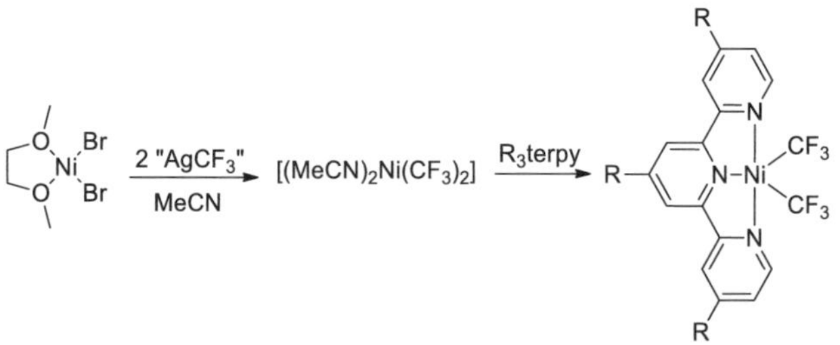

Schema 11: Synthese der Komplexe $[(R_3terpy)Ni(CF_3)_2]$ mit R = H oder *t*Bu.

Bei der Synthese von Nickelkomplexen mit zwei Fluoralkylliganden muss ein Precursor verwendet werden, der bereits zwei Fluoralkyl-Gruppen am Nickel enthält. Diese können durch Reaktion einer Nickel(II)-Quelle mit zwei Äquivalenten $AgCF_3$ in Acetonitril synthetisiert werden, um den gut als Precursor geeigneten Komplex $[(MeCN)_2Ni^{II}(CF_3)_2]$ zu erhalten.[120,121] Die beiden Acetonitrilliganden lassen sich unter milden Bedingungen durch eine Vielzahl von bidentaten Liganden austauschen. In diesem Fall liefert die Umsetzung mit 2,2':6',2"-Terpyridin (terpy), oder 4,4′,4″-Tri*tert*butyl-2,2′:6′,2″-terpyridin (*t*Bu₃terpy) fünffach koordinierte Nickel(II)-Komplexe. Dieser Reaktionsablauf ist in Schema 11 aufgezeigt. Der so entstandene Komplex $[(R_3terpy)Ni^{II}(CF_3)_2]$ zersetzt sich relativ schnell zu $[(R_3terpy)_2Ni^{II}]$ und $[(CF_3)_2Ni^{II}(\mu\text{-}F)]_2$.

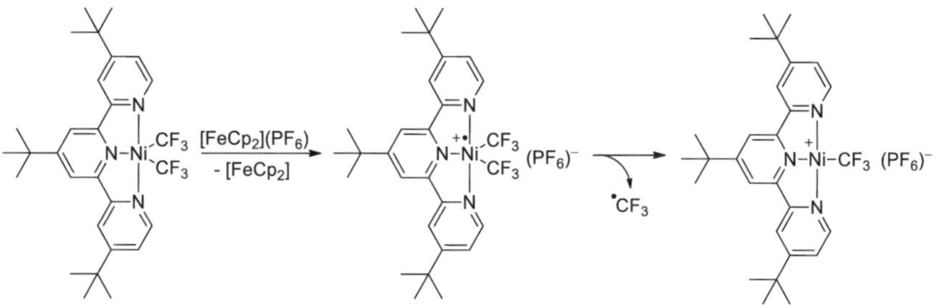

Schema 12: Oxidationsprodukte von $[(tBu_3terpy)Ni(CF_3)_2]$ nach der Umsetzung mit dem Oxidationsmittel $[FeCp_2](PF_6)$.

Der so mit *t*Bu$_3$terpy entstandene Komplex [(*t*Bu$_3$terpy)Ni^{II}(CF$_3$)$_2$] reagiert in Anwesenheit von [FeCp$_2$](PF$_6$) wahrscheinlich zu dem gewünschten Ni(III)-Komplex [(*t*Bu$_3$terpy)Ni^{III}(CF$_3$)$_2$](PF$_6$). Isoliert wurde allerdings der Komplex [(*t*Bu$_3$terpy)Ni^{II}(CF$_3$)](PF$_6$), welcher sich durch Abspaltung eines CF$_3$-Radikals ($^•$CF$_3$) bildet (siehe Schema 12). NMR-spektroskopische Untersuchungen ergaben, dass bei dieser Reaktion 11% C_2F_6 and 47% CF_3H entstehen. Das Cyclovoltammogramm von [(*t*Bu$_3$terpy)Ni^{II}(CF$_3$)$_2$], das in THF/*n*BuNPF$_6$ gemessen und gegen FeCp$_2$/FeCp$_2^+$ referenziert wurde, zeigt eine Oxidation bei einem Potential von 0,30 V, die einer Einelektronenoxidation von Ni(II) zu Ni(III) entspricht (siehe Abbildung 28). Reduktionswellen sind bei –1,72 und –1,99 V zu beobachten, welche der Reduktion des Terpyliganden zuzuordnen sind.

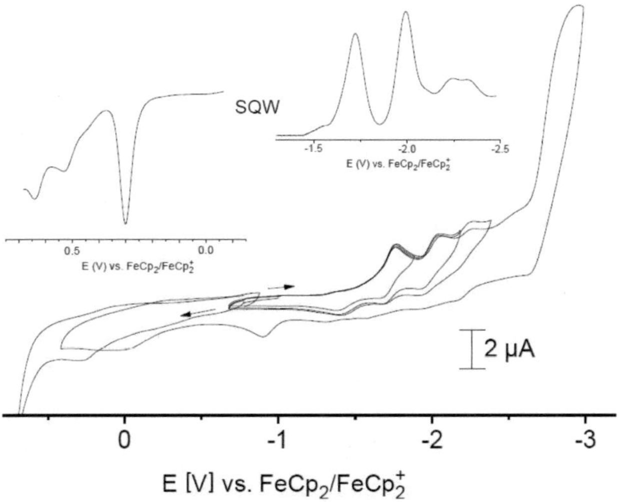

Abbildung 28: Cyclovoltammogramm von [(*t*Bu$_3$terpy)Ni^{II}(CF$_3$)$_2$] in THF/*n*BuNPF$_6$ gemessen mit einer Vorschubgeschwindigkeit von 100mV/s; Insert zugehörige square-wave Voltammogramme.

Zur Detektion der entstehenden Radikal-Komplexe wurden ESR-Spektren von der einfach reduzierten, sowie der einfach oxidierten Form von [(*t*Bu$_3$terpy)Ni^{II}(CF$_3$)$_2$] in THF/*n*BuNPF$_6$ bei 298 und 110 K aufgenommen. Für den oxidierten Komplex wurde bei Raumtemperatur ein isotropes Spektrum mit einem g-Faktor von 2,118 ohne weitere Hyperfeinaufspaltung erhalten. Die glasartig gefrorene Lösung bei 110 K lieferte ein axiales Spektrum mit $g_\perp = 2,154$ und $g_\parallel = 2,013$ (siehe Abbildung 29). Dies ergibt einen mittleren g-Faktor von $g_{av} = 2,107$ und eine Anisotropie des g-Faktors $\Delta g = g_\perp - g_\parallel$ von 0,141. Die relativ hohen Werte für den mittleren g-

Faktor und die Anisotropie weisen auf eine deutliche Beteiligung von Nickel d-Orbitalen am ungepaarten Elektron hin.[122]

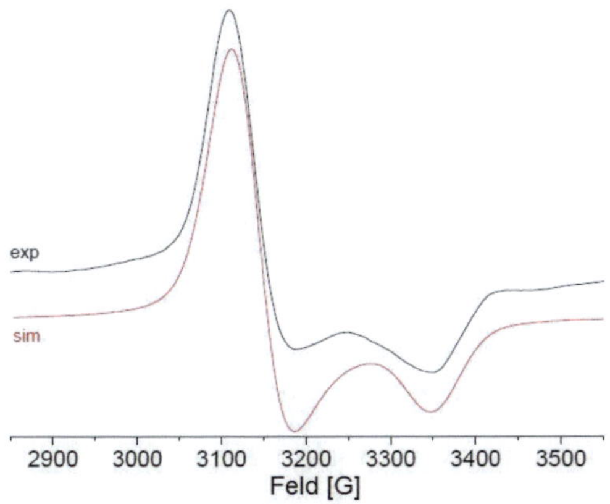

Abbildung 29: ESR-Spektrum während der anodischen Oxidation von [(*t*Bu$_3$terpy)Ni^{II}(CF$_3$)$_2$] in THF/*n*BuNPF$_6$ bei 110 K mit Simulation.

Die Spektren verhalten sich ähnlich zu den der von *Mascharak* beschriebenen, verwandten [(DAPA)Ni^{III}]-Komplexe (DAPA = 2,6-Bis[1-(phenylimino)ethyl]pyridin).[123] Unter Berücksichtigung der durchgeführten Messungen kann davon ausgegangen werden, dass die aufgenommenen Spektren das Komplexradikalkation [(*t*Bu$_3$terpy)Ni^{III}(CF$_3$)$_2$]$^{+\bullet}$ zeigen.

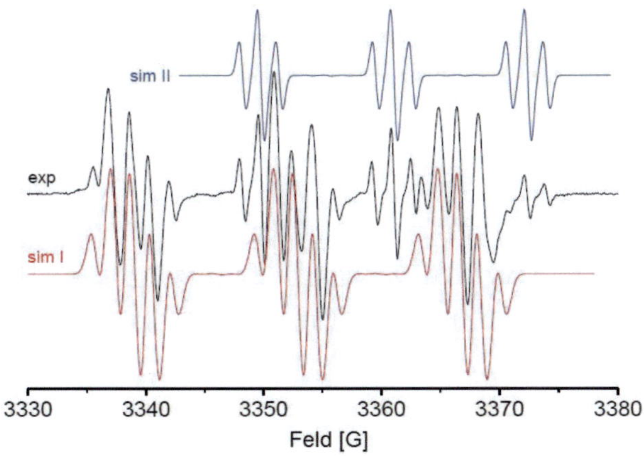

Abbildung 30: X-Band ESR-Spektrum während anodischer Oxidation von [(*t*Bu$_3$terpy)Ni(CF$_3$)$_2$] in THF/*n*Bu$_4$NPF$_6$ bei 298 K mit PBN als Spin-Trap mit Simulation.

Zum anderen sollte das bei der Oxidationsreaktion entstehende $^{\bullet}CF_3$-Radikal nachgewiesen werden. Da das Radikal zu reaktiv ist um direkt gemessen zu werden, wurden die bereits oben beschriebenen Elektrolyse-Versuche in Anwesenheit des Spin-Traps α-Phenyl-*N*-*t*butyl-nitron (PBN) durchgeführt. Während der anodischen Oxidation von $[(t\text{Bu}_3\text{terpy})\text{Ni}^{\text{II}}(\text{CF}_3)_2]$ in THF/*n*BuNPF$_6$ mit PBN entsteht dabei ein ESR-Spektrum welches mit Kopplungskonstanten von a_N = 14,1 G, a_H = 1,17 G und $a_F(CF_3)$ = 1,77 G simuliert wurde (siehe Abbildung 30, rot). Die blaue Kurve zeigt die Simulation einer Verunreinigung mit den Kopplungskonstanten a_N = 11,3 G, a_H = 1,51 G und $a_X(CF_3)$ = 1,60 G mit X mit I = ½. Die in der Literatur angegebenen Kopplungskonstanten für eine CF_3–PBN-Spintrap (siehe Schema 13) sind gemessen in Hexan a_N = 14,05 G, a_H = 1,55 G und $a_F(CF_3)$ = 1,55 G und stimmen mit den hier gemessenen Werten überein.[124–126] Daher kann davon ausgegangen werden, dass bei dieser Reaktion $^{\bullet}CF_3$ entsteht, welches sich von dem zuvor gebildeten Komplex $[(t\text{Bu}_3\text{terpy})\text{Ni}^{\text{III}}(\text{CF}_3)_2]^{\bullet+}$ abspaltet. Somit entsteht während der Oxidation ein Ni(III)-Komplex der zwar schnell weiter reagiert, aber dessen Zersetzungsprodukte nachgewiesen werden können.

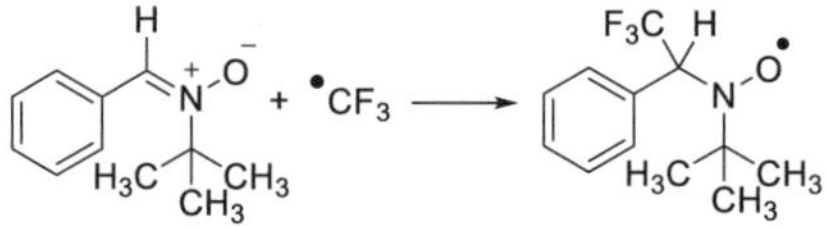

Schema 13 Fixierung eines CF_3-Radikals mit Hilfe der Spin-Trap α-Phenyl-*N*-*t*butyl-nitron.

Abschließend wurde der Komplex $[(t\text{Bu}_3\text{terpy})\text{Ni}^{\text{II}}(\text{CF}_3)_2]$ auch noch unter reduktiven Bedingungen untersucht. Die Zugabe von Cobaltocen in THF ergab bei Raumtemperatur ein unaufgelöstes isotropes Spektrum mit einem g-Faktor von 2,155. Bei 110 K in glasartig gefrorener Lösung wurde ein rhombisches Spektrum erhalten. Dieses Spektrum ließ sich mit Kopplungskonstanten der g-Faktoren g_1 = 2,242, g_2 = 2,162, g_3 = 2,035 (g_{av} = 2,146 und Δg =0,207) simulieren. Des Weiteren ist ein teilweise aufgelöstes $a_3(N)$ = 18,5 G für die drei Stickstoffatome des Terpyridins zu sehen. Die relativ hohen g-Faktoren deuten auf eine große Beteiligung des Ni-$d_{x^2-y^2}$-Orbitals am ungepaarten Elektron des Komplexes $[(\text{R}_3\text{terpy})\text{Ni}(\text{CF}_3)_2]^{\bullet-}$ hin. Dieses Verhalten wird auch für $[(\text{terpy})\text{NiBr}]^{\bullet}$ berichtet[116,127,128] und unterscheidet sich stark von dem Verhalten der $[(\text{terpy})\text{Ni}(\text{R})]^{\bullet}$-Komplexe (R = Me, Ar). Daraus lässt sich auf ein im Wesentlichen terpy-zentriertes Radikal schließen, welches sich als $[(\text{R}_3\text{terpy}^{\bullet-})\text{Ni}^{\text{II}}(\text{CF}_3)_2]^{\bullet-}$ beschreiben lässt.

5.3. Zusammenfassung

Die neuen fünffach koordinierten Ni(II)-Komplexe [(terpy)Ni(CF_3)$_2$] und [(tBu$_3$terpy)Ni(CF_3)$_2$] wurden synthetisiert und elektrochemisch untersucht. Die Komplexe lassen sich leicht chemisch oder elektrochemisch oxidieren. Das elektrochemisch ermittelte Potential liegt bei 0,3 V gegen Ferrocen (–0,26 V vs. SCE oder –0.45 V vs. NHE). Der so entstehende Ni(III)-Komplex [(R$_3$terpy)Ni(CF_3)$_2$]$^{\bullet +}$ konnte ESR-spektroskopisch detektiert werden. Präparativ ist dieser nicht zugänglich, weil er in den kationischen Komplex [(R$_3$terpy)Ni(CF_3)]$^+$ und ein CF_3-Radikal zerfällt. Das CF_3-Radikal konnte zweifelfrei durch Spin-Trap-Experimente mit PBN (α-Phenyl-*N*-*t*butyl-nitron) nachgewiesen werden. Mit der so charakterisierten pentakoordinierten Ni(III)-Spezies konnte eine wichtige Lücke in der mechanistischen Beschreibung von Nickel-terpyridin-katalysierten C–C-Kopplungen des Negishi-Typs geschlossen werden.

Die Reduktion des Startkomplexes [(R$_3$terpy)Ni(CF_3)$_2$] führt zum sehr stabilen radikal-anionischen Komplex [(R$_3$terpy)Ni(CF_3)$_2$]$^{\bullet -}$, der durch ESR-Spektroskopie charakterisiert werden konnte. Hier liegt im Wesentlichen ein terpy-zentriertes Radikal vor, entsprechend einer Beschreibung [(R$_3$terpy$^{\bullet -}$)Ni^{II}(CF_3)$_2$].

6. Experimenteller Teil

6.1. Messgeräte und Methoden

Reaktionen, die unter Schutzgasatmosphäre durchgeführt wurden, wurden unter Verwendung der Schlenktechnik mit Argon 99,998 % der Firma *Linde* durchgeführt.

Ein *MBRAUN* MB SPS-800 Lösungsmittel-Reinigungssystem wurde zum Trocknen der Lösungsmittel verwendet.

Alle kommerziell erworbenen Chemikalien wurden, soweit nicht anders erwähnt, ohne weitere Aufreinigung verwendet.

NMR-Spektren wurden mit einem *Bruker* Avance II 300 MHz unter Verwendung eines Triple-Resonanz ^{1}H, ^{19}F, BB inversen Probenkopfes aufgenommen. Die chemischen Verschiebungen sind gegen TMS referenziert. Die Auswertung erfolgte mit *Bruker* TopSpin2 oder MestReNova 7.0.

Elektrochemische Untersuchungen wurden mit Hilfe einer Dreielektroden-Anordnung (Glaskohlenstoff-Arbeitselektrode, Pt-Gegenelektrode, Ag/AgCl-Referenzelektrode) mit einem *Autolab* PG STAT 30 Potentiostaten durchgeführt. Als interne Referenz diente das Redoxpaar Ferrocen/Ferrocenium. Die Auswertung erfolgte mit GPES 4.9 (General Elektrochemical System Version 4.9) bzw Origin 8.5. Umrechnungsfaktoren für verschiedene Redox-Standards finden sich bei *Geiger* und *Cornelly*.[31] Ferrocen wurde in Standardqualität kommerziell erworben.

Die Aufnahme der UV/vis-Absorptionsspektren erfolgte auf einem *Varian* Cary 50 Scan Photospektrometer.

IR-Spektren wurden mit einem Thermo Nicolet Avatar 320 FTIR Spektrometer aufgenommen.

ESR-Spektren wurden mit einem *Bruker* ELEXSYS 500E X-Band-Spektrometer aufgenommen. Die Messtemperatur wurde mittels einer *Bruker* Variable Temperature Unit ER 4131VT (500 bis 100 K) variiert. Referenzierung der g-Faktoren erfolgte gegen eine dpph-Probe. Spektroelektrochemische ESR-Messungen erfolgten in 1 mm Quarz-Röhren mittels Pt-Arbeits- und Pt-Gegenelektrode.

Spektroelektrochemische Messungen (UV/vis und IR) wurden in einer optisch transparenten Dünnschichtzelle (OTTLE = optically transparent thin-layer electrode) durchgeführt.[129]

Die Bestimmung der Kristallstruktur erfolgte mit einer IPDS II (STOE and Cie.) bei 293 K. Es wurde monochromatische Mo-Kα-Strahlung (λ = 0,71073 Å) verwendet. Die Struktur wurde mit der Patterson-Methoden unter Verwendung von SHELXS gelöst und mittels der Methode der mittleren Fehlerquadratsumme gegen F_2 (SHELXL-97) verfeinert.[130] Nicht-Wasserstoff-Atome wurden ohne Constraints anisotrop verfeinert. Die Wasserstoffatome wurden über passende Reitermodelle eingefügt.

Zur Messung der Röntgenpulverdiffraktogramme wurde ein *Guinier-Röntgenpulverdiffraktometer G670* der Firma *Huber* verwendet, unter Verwendung von monochromatischer Cu-Kα-Strahlung (Germanium-Monochromator), die einer Wellenlänge von 1,5406 Å entspricht. Die Proben wurden als Flachpräparat gemessen, hierzu wurde die Substanz zwischen zwei Folienstücke aus Haushaltsfolie in einen Halter eingespannt Die verwendete Folie zeigt im Pulverdiffraktogramm selbst zwei Reflexe bei den Winkeln von $2\theta \approx 21{,}5°$ und $2\theta \approx 23{,}7°$. Die Auswertungen der Pulverdiffraktogramme erfolgten mit dem Programm *WinXPow*[131], wobei die Diffraktogramme jeweils gegen einen NAC-Standard korrigiert wurden.

6.2. Untersuchung des reaktiven Eisen-Nitrosyl-Komplexes $[(2,2'\text{-Bipyridin})Fe(CN)_3(NO)]^-$

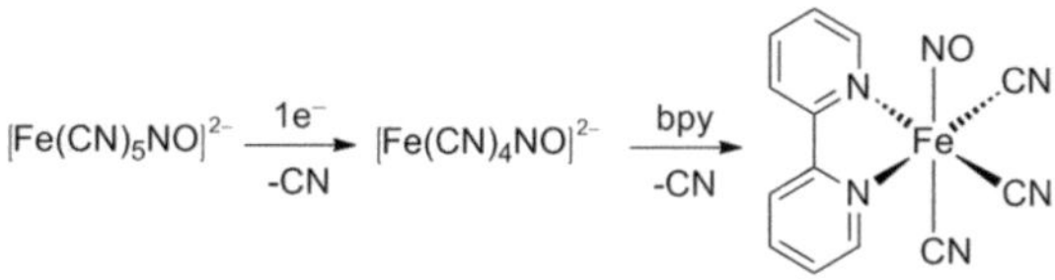

Synthese von $[(2,2'\text{-Bipyridin})Fe(CN)_3(NO)]^-$

Kommerziell erhältlich sind $Na_2[Fe(CN)_5(NO)]\cdot 2\,H_2O$ (Natriumnitroprussid), PPh_4Cl (Tetraphenylphosphoniumbromid) und $Na_2S_2O_4$ (Natriumdithionit).

In einem Rundkolben wurden 298 mg (1 mmol) Natriumnitroprussid unter Schutzgasatmosphäre in 40 ml entgastem Wasser gelöst. Zur Reduktion des Nitroprussids wurden 350 mg (2 mmol) Natriumdithionit in 10 ml entgastem Wasser zugegeben. Nach der Zugabe des jeweiligen Diimins (bpy oder phen) wurde zwei weitere Stunden gerührt. Zur Ausfällung des Produktes als PPh_4-Salz wurden 420 mg (1 mmol) Tetraphenylphosphonium-bromid hinzugegeben. Das Produkt wurde durch Filtration separiert, mit wenig Wasser und anschließend wenig Ethanol gewaschen. Zur Umkristallisation wurde das Rohprodukt in Ethanol gelöst und anschließend mit Ether wieder ausgefällt.

bpy: Ausbeute: 47%; $C_{37}H_{38}N_6FeOP$ (659,48) berechnet: C 67,39; H 4,28; N 12,74; gefunden: C 67,42; H 4,25; N 12,77; FTIR(KBr) υNO 1642 cm^{-1}, υCN 2108 cm^{-1}. phen: Ausbeute: 35%; $C_{39}H_{28}N_6FeOP$ (683,50) berechnet: C 68,53; H 4,13; N 12,30; gefunden: C 68,25; H 4,11; N 12,33; FTIR(KBr) υNO 1430 cm^{-1}, υCN 1880 cm^{-1}.

6.3. Stabilisierung von primären aliphatischen Nitrosaminen durch Koordination an $[Ir(Cl)_5]^{2-}$ und Untersuchung ihrer Dekomposition

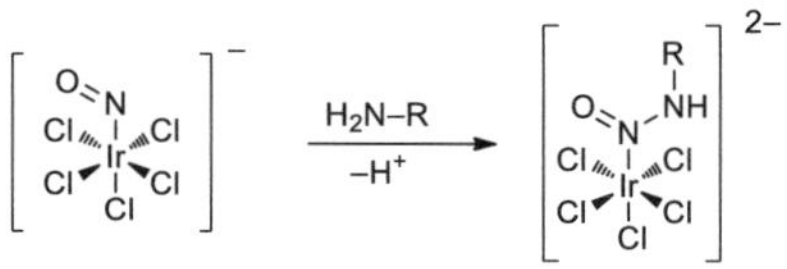

Synthese von $K(H_3N\mathit{n}Bu)[IrCl_5(\mathit{N}\text{-nitroso-}\mathit{N}\text{-butylamin})]$ und $K(H_3NBn)[IrCl_5(\mathit{N}\text{-nitroso-}\mathit{N}\text{-benzylamine})]$

Für die Synthesen wurde $K[IrCl_5(NO)]$ (Kaliumpentachlornitrosyliridat) kommerziell erworben.

0,046 mmol des jeweiligen Amins (Butylamin (Bu) 4,6 μL; Benzylamin (Bn) 5,0 μL) wurden unter Argonatmosphäre zu 10 mg (0,023 mmol) Kaliumpentachlornitrosyliridat gefügt und in 0,25 mL Acetonitril gelöst. Das ausfallende Produkt wurde durch Zentrifugieren separiert. Reaktionstemperatur (R = Bn): Raumtemperatur; (R = Bu): –35 °C. Als Gegenion ergibt sich aus der Reaktionsmischung K^+ und das Ammoniumion des entsprechenden Amins (RNH_3)

$K(H_3N\mathit{n}Bu)[IrCl_5(\mathit{N}\text{-nitroso-}\mathit{N}\text{-butylamin})]$

^{1}H-NMR (DMSO-d_6): δ [ppm] = 12,8 (br, s, 0,7H, ON$\underline{NH}CH_2(CH_2)_2CH_3$), 7,5 (br, s, 2,2 H, ($\underline{NH_3}CH_2(CH_2)_2CH_3$), 3,58 (t, 2H, *3J*HH) 6,69 Hz, ONNH$\underline{CH_2}(CH_2)_2CH_3$), 2,77 (br, t, 2H, +$NH_3\underline{CH_2}(CH_2)_2CH_3$), 1,52 (m, 4H, ONNH$CH_2$-($\underline{CH_2})_2CH_3$), 1,35 (m, 4H, +$NH_3CH_2(\underline{CH_2})_2CH_3$),0,91 (m, 7H, +$NH_3CH_2(CH_2)_2\underline{CH_3}$ und ONNH$CH_2(CH_2)_2\underline{CH_3}$); FTIR (KBr): ν(HNNO) 1535 cm^{-1}.

K(H3NBn)[IrCl5(*N*-nitroso-*N*-benzylamin)]

^{1}H-NMR (DMSO-d$_6$): δ [ppm] = 13,1 (br, s, 0,6H, ON<u>NH</u>CH$_2$CF$_3$), 8,08 (br, s, 2,5H, (<u>NH$_3$</u>CH$_2$Ph), 7,4–7,5 ppm (m, 5H, ONNHCH$_2$<u>Ph</u>), 7,3–7,4 (m, 5H, +NH$_3$CH$_2$<u>Ph</u>), 4,76 und 4,74 (s, 2H, ONNH<u>CH$_2$</u>Ph), 4,04 (s, 2H, +NH$_3$<u>CH$_2$</u>Ph); FTIR (KBr): ν(HNNO) 1530 cm^{-1}.

6.4. Zweikernige Arylnickel(II)-Komplexe mit verbrückenden 2,5-Bis-(arylimino)pyrazin Liganden

6.4.1. Synthese der Liganden

Synthese von 2,5-Diacetylpyrazin basierten Liganden

Allgemeine Vorschrift

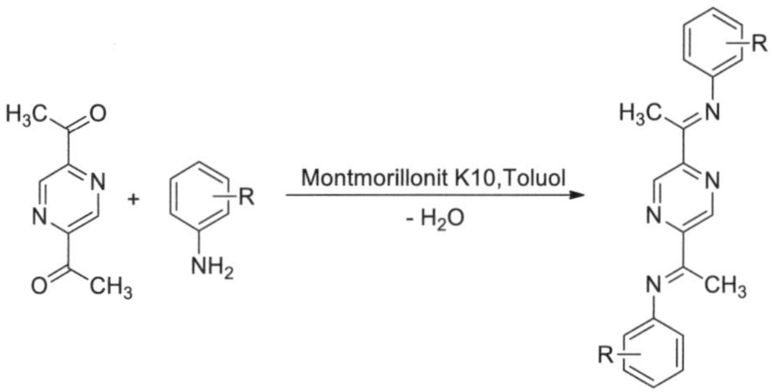

2,5-Diacetylpyrazin wurde nach der Methode von *Minisci* et al.[104] über eine Fenton-Reaktion dargestellt. Die Aniline sind kommerziell erhältlich.

530 mg (3,22 mmol) 2,5-Diacetylpyrazin (dapz), 2 eq. (6,66 mmol) des jeweiligen Anilinderivats und 0,5 g Montmorillonit K10 wurden in 140 mL Toluol in einem Einhalskolben vorgelegt. Die Reaktionsmischung wurde am Wasserabscheider drei Tage bei 125 °C unter Rückfluss erhitzt. Das Trockenmittel wurde aus der gelben Lösung filtriert. Daraufhin wurde das Lösungsmittel unter vermindertem Druck entfernt. Der erhaltene Feststoff wurde mit 50 mL *n*Pentan gewaschen.

2,5-Bis((1-(2-trifluormethyl)phenyl)iminoethyl)pyrazin (2CF$_3$-bpip)

Anilinderivat: 2-(Trifluormethyl)anilin; Ausbeute: 495 mg (1,1 mmol, 34,2 %); gelber Feststoff; ^{1}H-NMR: (300 MHz, Aceton-d$_6$): δ [ppm] = 9,19 (s, 2H, H$_{Pyrazin}$), 7,79 (d, 2H, H$_{Anilin}$), 7,71 (t, 2H, H$_{Anilin}$), 7,38 (t, 2H, H$_{Anilin}$), 7,05 (d, 2H, H$_{Anilin}$), 2,83 (s, 6H, H$_{CH3}$).

2,5-Bis((1-(3,5-di-trifluormethyl)phenyl)iminoethyl)pyrazin (3,5-CF$_3$-bpip)

Anilinderivat: 3,5-Bis(triflourmethyl)anilin; Ausbeute: 1,59 g (2,71 mmol, 83,9%); gelber Feststoff; ^{1}H-NMR (300 MHz, CDCl$_3$) δ [ppm] = 9,50 (s, 2H), 7,71 (s, 1H), 7,05 (s, 1H), 1,56 (s, 6H); ^{19}F-NMR (282 MHz, CDCl$_3$) δ [ppm] = -62,92 (s), -63,27 (s).

2,5-Bis((1-(4-nitro)phenyl)iminoethyl)pyrazin (4-NO$_2$-bpip)

Anilinderivat: 4-Nitroanilin; Ausbeute: 1,22 g (3,01 mmol, 93,4%); gelber Feststoff; ^{1}H-NMR (300 MHz, CDCl$_3$) δ [ppm] = 9,50 (s, 2H), 7,71 (s, 1H), 7,05 (s, 1H), 1,56 (s, 6H); ^{19}F-NMR (282 MHz, CDCl$_3$) δ [ppm] = –62,92 (s), –63,27 (s).

2,5-Bis((1-(4-isopropyl)phenyl)iminoethyl)pyrazin (4-*i*Pr-bpip)

Anilinderivat: 4-Isopropylanilin; Ausbeute: 430 mg (3,18 mmol, 98,6%); gelb-oranger Feststoff; ^{1}H-NMR (300 MHz, Aceton-d$_6$): δ [ppm] = 9,44 (s, 2H, H$_{Pyrazin}$), 7,33 (d, 4H, H$_{Anilin}$), 6,88 (m, 4H, H$_{Anilin}$), 4,37 (m, 2H, H$_{iPr}$), 2,40 (s, 6H, H$_{CH3}$) 1,28 (d, 12H, H$_{CH3\text{-}iPr}$).

2,5-Bis((1-(2,6-difluor)phenyl)iminoethyl)pyrazin (2,6-F-bpip)

Anilinderivat: 2,6-Difluoranilin; Ausbeute: 630 mg (1,06 1,86 mmol, 57,9 %), orange-roter Feststoff; ^{1}H-NMR: (300 MHz, Aceton-d$_6$): δ [ppm] = 9,53 (s, 2H, H$_{Pyrazin}$), 7,28 (m, 2H H$_{Anilin}$), 7,15 (m, 4H, H$_{Anilin}$), 2,43 (d, 6H, H$_{CH3}$); ^{19}F-NMR (282 MHz, Aceton-d6) δ [ppm] = –124,35.

6.4.2. Synthese des Precursor-Komplexes (PPh$_3$)$_2$NiMesBr

Es wurden 4,57 g (17,4 mmol) Triphenylphosphin und 1,73 g (7,9 mmol) Nickel(II)bromid in einem Einhalskolben eingewogen und in 50 mL THF gelöst. Das Reaktionsgemisch wurde über Nacht bei RT gerührt und dann filtriert. Das Lösungsmittel wurde unter vermindertem Druck entfernt. Ausbeute ([Ni(PPh$_3$)$_2$Br$_2$]): 5,8 g (7,8 mmol, 99,1 %).

3,0 g (4 mmol) [Ni(PPh$_3$)$_2$Br$_2$] wurde unter Schutzgasatmosphäre in 40 mL abs. THF gelöst. Die grüne Reaktionslösung wurde auf 0 °C gekühlt und daraufhin wurde 8 mL (8 mmol, 1 M in Et$_2$O) Mesitylmagnesiumbromid über 10 min hinzugetropft. Die nun braune Reaktionslösung wurde 1 h bei Raumtemperatur gerührt. Die Reaktion wurde mit 60 ml EtOH abgebrochen. Der ausgefallene orange Feststoff wurde abfiltriert, mit EtOH gewaschen und getrocknet.

Ausbeute: 1,67 g (2,25 mmol, 56,3%); ^{1}H-NMR: (300 MHz, Aceton-d6): δ [ppm] = 7,37 (t, 12H, H_{PPh3}), 7,28 (t, 18H, H_{PPh3}), 6,62 (s, 2H, H_{Mes}), 2,42 (s, 6H, H_{MesCH3}), 2,39 (s, 3H, H_{MesCH3}); ^{31}P -NMR (121 MHz, Aceton-d_6) δ [ppm] = 19.81 (s).

6.5. Fünffach koordinierte Nickel(II)-Fluoralkaly-Komplexe als Vorstufe für eine spektroskopisch detektierbare Ni(III)-Spezies

Die beiden Komplexe [(R_3terpy)Ni(CF_3)$_2$] mit R = H oder *t*Bu wurden von der Arbeitsgruppe von Prof. *Dr. D. Vicic*, Lehigh University, Bethlehem, Pennsylvania, USA synthetisiert und für weitere Untersuchungen zur Verfügung gestellt.

Die eingesetzte Spin-Trap *α*-Phenyl-*N*-*t*butyl-nitron (PBN) wurde kommerziell erworben.

7. Zusammenfassung

7.1. Untersuchung des reaktiven Eisen-Nitrosyl-Komplexes [(2,2'-Bipyridin)Fe(CN)$_3$(NO)]$^-$

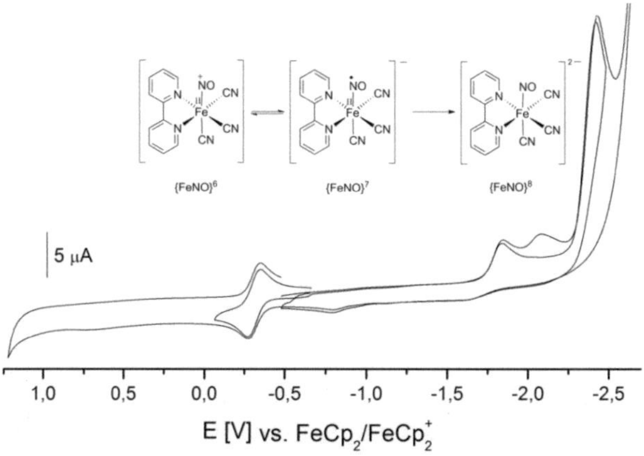

Abbildung 31: Cyclovoltammogramme von (PPh$_4$)[(bpy)Fe(CN)$_3$NO] gemessen in CH$_2$Cl$_2$/nBu$_4$NPF$_6$ mit einer Vorschubgeschwindigkeit von 100 mV/s gegen das Redoxpaar FeCp$_2$/FeCp$_2^+$ mit den entstehenden Produkten.

Der bereits bekannte Komplex (PPh$_4$)[(bpy)Fe(CN)$_3$(NO)] wurde reproduziert und mittels UV/vis-, IR-spektroskopischen und cyclovoltammetrischen Messungen umfassend charakterisiert. IR- und UV/vis-Spektroskopie bestätigten, dass hier ein {Fe(NO)}^{7}-System vorliegt. Ausgehend von der in den cyclovoltammetrischen Messungen (Abbildung 31) beobachte reversible Oxidation, wurde weitere Messungen mit kombinierten Methoden aus Elektrochemie und UV/vis-, IR-, ESR-Spektroskopie durchgeführt. Diese Messungen ergeben, dass es sich um ein diamagnetisches low-spin Fe(II)-System mit ungepaartem Elektron auf dem NO$^•$-Liganden {Fe^{II}(NO$^•$)} handelt. Das bei der Oxidation entstehende Produkt ist ein {Fe^{II}(NO$^+$)}^{6}-Komplex, somit kann das im Komplex enthaltene Nitrosyl auf den Zeitskalen verschiedener Messungen reversibel oxidiert werden. Es wurde auch die Reduktion zum {Fe(NO)}^{8}-System untersucht, diese verläuft allerding bereits auf der Zeitskala eines Cyclovoltammogramms irreversibel und auch weitere Messungen lieferten keine weiteren Aufschluss auf dabei entstehende Produkte.

7.2. Stabilisierung von primären aliphatischen Nitrosaminen durch Koordination an $[Ir(Cl)_5]^{2-}$ und Untersuchung ihrer Dekomposition

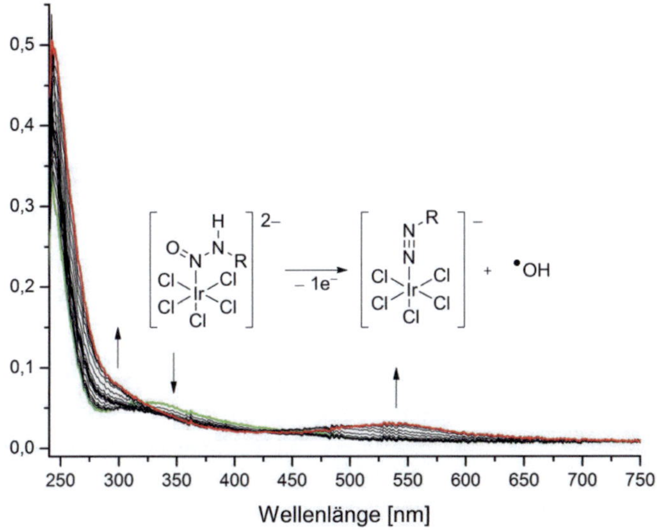

Abbildung 32: UV/vis-Spektren während der reversiblen, anodischen Oxidation von $K(H_3NBn)[IrCl_5(N(O)N(H)Bn)]$ in DMSO/$n$$Bu_4NPF_6$ bei RT in einer OTTLE-Zelle (0-1,3 V) mit ablaufender Reaktion

Zur Stabilisierung primärer aliphatischer Nitrosamine wurde der $\{Ir(NO)\}^6$-Komplex mit Aminen umgesetzt um stabile Nitrosaminkomplexe des Typs $[IrCl_5(N(O)N(H)R)]^{2-}$ (R = Benzyl oder *n*Butyl) zu bilden. Bei Umsetzung mit Säure zersetzen sich diese Nitrosaminkomplexe unter Abspaltung von OH^- zu Diazoniumkomplexen. Es wurde im Weiteren untersucht, ob sich diese Reaktion auch bei elektrochemischer oder chemischer Oxidation beobachten lässt. Es konnte durch UV/vis-spektroskopische und -spektroelektrochemische Messungen gezeigt werden, dass bei der chemischen sowie auch bei der elektrochemischen Oxidation das gleiche Produkt entsteht. Über die Art dieses Produktes gaben ^{1}H-NMR-Spektren Aufschluss. Diese zeigen die Entstehung des Diazoniumkomplexes und der erwarteten Folge-Zersetzungsprodukte. Das ESR-Spektrum eines Nitrosaminskomplexes nach chemischer Oxidation unter Zuhilfenahme von PBN (α-Phenyl-*N*-*t*butyl-nitron) als Spintrap gab einen Hinweis auf ein entstehendes •OH-Radikal.

7.3. Zweikernige Arylnickel(II)-Komplexe mit verbrückenden Bis(arylimino)-1,4-pyrazin Liganden

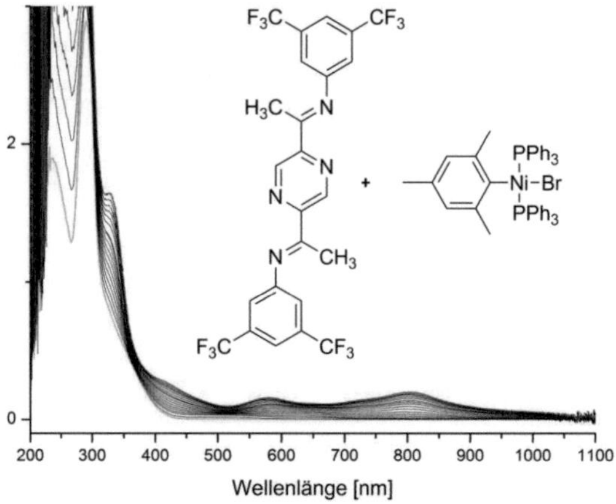

Abbildung 33: UV/vis-spektroskopische Titration von 3,5-CF_3-bpip mit [$(PPh_3)_2$NiMesBr] in CH_2Cl_2 mit verwendeten Komponenten.

Fünf bisher in der Literatur unbekannte Liganden des Typs 2,5-Bis(1-phenyliminoethyl)pyrazin (bpip) wurden synthetisiert und spektroskopisch und elektrochemisch charakterisiert. Die Synthese von Komplexen [(μ-N^N){Ni(Mes)Br}$_2$] mit diesen Liganden durch Ligandenaustauschreaktion mit dem [$(PPh_3)_2$Ni(Mes)Br]-Precursor schlug aufgrund der geringen Basizität der Liganden fehl. Alle weiteren spektroskopischen und (spektro)elektrochemischen Untersuchungen wurden daher an *in situ* synthetisierten Komplexen oder mittels Titrations-Experimenten durchgeführt. Vier der fünf Komplexe konnten so UV/vis-spektroskopisch (Abbildung 33), elektrochemisch und spektroelektrochemisch untersucht werden. Die Komplexe zeigen im UV/vis-Spektrum eine charakteristische langwellige Absorption. Diese Absorption ist bei noch größeren Wellenlängen zu finden als bei den bereits bekannten methylsubstituierten Derivaten dieser Liganden, auch auftretende Reduktionen sind bei höheren Potentialen zu finden. Dies spricht dafür, dass wohl auch die nach der Reduktion ablaufende Bromidabspaltung langsamer abläuft und somit eine katalytische Aktivität für C–C-Knüpfungs-Reaktionen zu erwarten ist.

7.4. Fünffach koordinierte Nickel(II)-Fluoroalkyl-Komplexe als Vorstufe für eine spektroskopisch detektierbare Ni(III)-Spezies

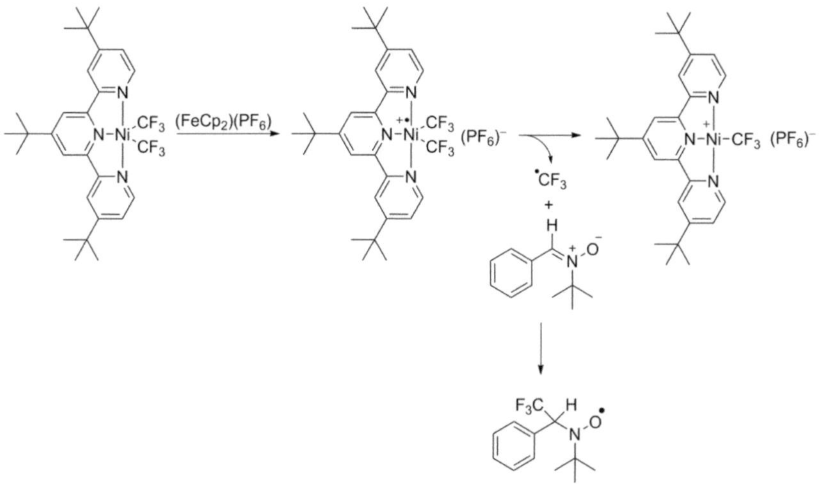

Schema 14: Oxidationsreaktion von [(tBu$_3$terpy)Ni(CF$_3$)$_2$] nach der Umsetzung mit dem Oxidationsmittel [FeCp$_2$](PF$_6$), Weiterreaktion zum Radikal.

Zwei neue fünffach koordinierte Ni(II)-Komplexe des Typs [(R$_3$terpy)Ni(CF$_3$)$_2$] (R = H oder *t*Bu) wurden synthetisiert und elektrochemisch untersucht. Durch Oxidation entsteht der Ni(III)-Komplex [(R$_3$terpy)Ni(CF$_3$)$_2$]$^{\bullet+}$, welcher ESR-spektroskopisch nachgewiesen wurde. Im weiteren Verlauf zerfällt dieser Komplex in den Nickel(II)-Komplex [(R$_3$terpy)Ni(CF$_3$)]$^+$ und ein $^\bullet$CF$_3$-Radikal. Diese Radikal wurde mit Hilfe von PBN (α-Phenyl-*N*-*t*butyl-nitron) ESR-spektroskopisch nachgewiesen. Bei der Reduktion des Startkomplexes entsteht der ESR-spektroskopisch nachgewiesenen Komplex [(R$_3$terpy)Ni^{II}(CF$_3$)$_2$]$^{\bullet-}$, bei dem das ungepaarte Elektron auf dem terpy-Liganden lokalisiert ist.

8. Literaturverzeichnis

[1] C. Janiak, T. Klapötke, H.-J. Meyer, E. Riedel, *Moderne anorganische Chemie*, De Gruyter, Berlin, New York **1999**.

[2] W. L. Bowden, P. Bonnar, D. B. Brown, W. E. Geiger, *Inorg. Chem.* **1977**, *16*, 41.

[3] D. Astruc, *Electron transfer and radical processes in transition-metal chemistry*, VCH, New York, N.Y. **1995**.

[4] R. A. Marcus, *Reviews of Modern Physics* **1993**, *65*, 599.

[5] G. Likhtenshtein, *Solar Energy Conversion: Chemical Aspects*, Wiley, Weinheim **2012**.

[6] E. Wiberg, N. Wiberg, *Lehrbuch der anorganischen Chemie*, Walter de Gruyter, Berlin **1995**.

[7] W. Kaim, B. Schwederski, A. Klein, *Bioinorganic chemistry: Inorganic elements in the chemistry of life an introduction and guide*, Wiley, Weinheim.

[8] R. A. Marcus, *Angew. Chem.* **1993**, *105*, 1161.

[9] H. Taube, *Angew. Chem.* **1984**, *96*, 315.

[10] A. Foi, F. Di Salvo, F. Doctorovich, T. G. Roy, K. Stirnat, C. Biewer, A. Klein, *Eur. J. Inorg. Chem.* **2015**.

[11] C. Jørgensen, *Coord. Chem. Rev.* **1966**, *1*, 164.

[12] M. D. Ward, J. A. McCleverty, *J. Chem. Soc., Dalton Trans.* **2002**.

[13] P. Chaudhuri, C. N. Verani, E. Bill, E. Bothe, T. Weyhermüller, K. Wieghardt, *J. Am. Chem. Soc.* **2001**, *123*, 2213.

[14] W. Kaim, *Coord. Chem. Rev.* **1987**, *76*, 187.

[15] M. Chiesa, E. Giamello, M. Che, *Chem. Rev.* **2010**, *110*, 1320.

[16] P. W. Anderson, *Phys. Rev.* **1969**, *181*, 25.

[17] S. Stoll, A. Ozarowski, R. D. Britt, A. Angerhofer, *J. Magn. Reson.* **2010**, *207*, 158.

[18] W. Kaim, A. Klein, *Spectroelectrochemistry*, Royal Society of Chemistry, Cambridge **2008**.

[19] J. H. Enemark, R. D. Feltham, *Coord. Chem. Rev.* **1974**, *13*, 339.

[20] J. Fiedler, J. Mašek, *Inorg. Chim. Acta* **1985**, *105*, 83.

[21] J. Pellegrino, R. Hübner, F. Doctorovich, W. Kaim, *Chem. - Eur. J.* **2011**, *17*, 7868.

[22] A. C. Montenegro, V. T. Amorebieta, L. D. Slep, D. F. Martín, F. Roncaroli, D. H. Murgida, S. E. Bari, J. A. Olabe, *Angew. Chem. Int. Ed.* **2009**, *48*, 4213.

[23] N. Escola, D. E. Bikiel, R. Baggio, F. Di Salvo, F. Doctorovich, *Inorg. Chim. Acta* **2011**, *374*, 528.

[24] A. R. Butler, I. L. Megson, *Chem. Rev.* **2002**, *102*, 1155.

[25] J. A. Olabe, *Dalton Trans.* **2008**, *28*, 3633.

[26] A. R. Butler, C. Glidewell, *Chem. Soc. Rev.* **1987**, *16*, 361.

[27] L. Baraldo, P. Forlano, A. R. Parise, L. D. Slep, J. A. Olabe, *Coord. Chem. Rev.* **2001**, *219-221*, 881.

[28] W. L. Bowden, W. F. Little, T. J. Meyer, *J. Am. Chem. Soc.* **1977**, *99*, 4340.

[29] J. Fiedler, J. Mašek, *Inorg. Chim. Acta* **1984**, *81*, 117.

[30] J. Fiedler, J. Mašek, *Inorg. Chim. Acta* **1986**, *111*, 39.

[31] N. G. Connelly, W. E. Geiger, *Chem. Rev.* **1996**, *96*, 877.

[32] J. Mašek, E. Mášlová, *Collect. Czech. Chem. Commun.* **1974**, *39*, 2141.

[33] F. Roncaroli, M. Videla, L. D. Slep, J. A. Olabe, *Coord. Chem. Rev.* **2007**, *251*, 1903.

[34] P. N. Magee, J. M. Barnes, *Br. J. Cancer.* **1956**, *10*, 114.
[35] J. L. Caulfield, J. S. Wishnok, S. R. Tannenbaum, *J. Biol. Chem.* **1998**, *273*, 12689.
[36] F. Doctorovich, C. Trápani, *Tetrahedron Lett.* **1999**, *40*, 4635.
[37] F. Di Salvo, A. Crespo, D. A. Estrin, F. Doctorovich, *Tetrahedron* **2002**, *58*, 4237.
[38] F. Doctorovich, N. Escola, C. Trápani, D. A. Estrin, González Lebrero, Mariano C., A. G. Turjanski, *Organometallics* **2000**, *19*, 3810.
[39] C. Trápani, N. Escola, F. Doctorovich, *Organometallics* **2002**, *21*, 2021.
[40] F. Doctorovich, M. Granara, F. Di Salvo, *Transition Met. Chem.* **2001**, *26*, 505.
[41] F. Doctorovich, F. Di Salvo, N. Escola, C. Trápani, L. Shimon, *Organometallics* **2005**, *24*, 4707.
[42] F. Di Salvo, N. Escola, D. A. Scherlis, D. A. Estrin, C. Bondía, D. H. Murgida, J. M. Ramallo-López, F. G. Requejo, L. Shimon, F. Doctorovich, *Chem. - Eur. J.* **2007**, *13*, 8428.
[43] M. Sieger, B. Sarkar, S. Záliš, N. Escola, F. Doctorovich, J. A. Olabe, W. Kaim, *Dalton Trans.* **2004**, *12*, 1797.
[44] L. Perissinotti, D. A. Estrin, G. Leitus, F. Doctorovich, *J. Am. Chem. Soc.* **2006**, *128*, 2512.
[45] N. Escola, F. Di Salvo, R. Haddad, L. Perissinotti, M. N. Eberlin, F. Doctorovich, *Inorg. Chem.* **2007**, *46*, 4827.
[46] N. Escola, A. Llebaría, G. Leitus, F. Doctorovich, *Organometallics* **2006**, *25*, 3799.
[47] F. Di Salvo, D. A. Estrin, G. Leitus, F. Doctorovich, *Organometallics* **2008**, *27*, 1985.
[48] *CRC handbook of chemistry and physics*, CRC Press, Boca Raton, Fla. **2014**.
[49] M. Quiroz-Guzman, S. N. Brown, *Acta crystallographica. Section C, Crystal structure communications* **2010**, *66*, m171.
[50] R. Rathore, C. L. Burns, M. I. Deselnicu, *Org. Lett.* **2001**, *3*, 2887.
[51] M. J. Davies, T. F. Slater, *Chem. Biol. Interact.* **1986**, *58*, 137.
[52] Q. Chen, J. Yu, J. Huang, *Organometallics* **2007**, *26*, 617.
[53] M. Delferro, T. J. Marks, *Chem. Rev.* **2011**, *111*, 2450.
[54] V. C. Gibson, S. K. Spitzmesser, *Chem. Rev.* **2003**, *103*, 283.
[55] Y.-B. Huang, G.-R. Tang, G.-Y. Jin, G.-X. Jin, *Organometallics* **2008**, *27*, 259.
[56] S. D. Ittel, L. K. Johnson, M. Brookhart, *Chem. Rev.* **2000**, *100*, 1169.
[57] S. Mecking, *Angew. Chem.* **2001**, *113*, 550.
[58] D. Meinhard, P. Reuter, B. Rieger, *Organometallics* **2007**, *26*, 751.
[59] A. Michalak, T. Ziegler, *Organometallics* **2001**, *20*, 1521.
[60] F. Speiser, P. Braunstein, L. Saussine, *Acc. Chem. Res.* **2005**, *38*, 784.
[61] D. G. Yakhvarov, D. I. Tazeev, O. G. Sinyashin, G. Giambastiani, C. Bianchini, A. M. Segarra, P. Lönnecke, E. Hey-Hawkins, *Polyhedron* **2006**, *25*, 1607.
[62] C. Amatore, A. Jutand, J. Périchon, Y. Rollin, *Monatsh. Chem* **2000**, *131*, 1293.
[63] Y. H. Budnikova, *Russ. Chem. Rev.* **2002**, *71*, 111.
[64] Y. H. Budnikova, J. Périchon, D. G. Yakhvarov, Y. M. Kargin, O. G. Sinyashin, *J. Organomet. Chem.* **2001**, *630*, 185.
[65] M. Durandetti, J. Périchon, *Synthesis* **2004**, *18*, 3079.
[66] W. Harnying, A. Kaiser, A. Klein, A. Berkessel, *Chem. - Eur. J.* **2011**, *17*, 4765.
[67] R. Jana, T. P. Pathak, M. S. Sigman, *Chem. Rev.* **2011**, *111*, 1417.
[68] A. Klein, Y. H. Budnikova, O. G. Sinyashin, *J. Organomet. Chem.* **2007**, *692*, 3156.

[69] C. Moinet, J.-P. Hurvois, A. Jutand, *Adv. Org. Chem. Synth.* **2005**, *1*, 403.

[70] K. Osakada, T. Yamamoto, *Coord. Chem. Rev.* **2000**, *198*, 379.

[71] V. B. Phapale, M. Guisán-Ceinos, E. Buñuel, D. J. Cárdenas, *Chem. - Eur. J.* **2009**, *15*, 12681.

[72] F. Raynal, R. Barhdadi, J. Périchon, A. Savall, M. Troupel, *Adv. Synth. Catal.* **2002**, *344*, 45.

[73] B. M. Rosen, K. W. Quasdorf, D. A. Wilson, N. Zhang, A.-M. Resmerita, N. K. Garg, V. Percec, *Chem. Rev.* **2011**, *111*, 1346.

[74] M. Uchino, K. Asagi, A. Yamamoto, S. Ikeda, *J. Organomet. Chem.* **1975**, *84*, 93.

[75] D. G. Yakhvarov, Y. H. Budnikova, O. G. Sinyashin, *Mendeleev Commun.* **2002**, *12*, 175.

[76] D. G. Yakhvarov, Y. G. Budnikova, O. G. Sinyashin, *Russ. J. Electrochem.* **2003**, *39*, 1261.

[77] T. Yamamoto, *Synlett* **2003**, *3*, 425.

[78] T. Yamamoto, M. Abla, *J. Organomet. Chem.* **1997**, *535*, 209.

[79] T. Yamamoto, M. Abla, Y. Murakami, *Bull. Chem. Soc. Jpn.* **2002**, *75*, 1997.

[80] T. Yamamoto, S. Wakabayashi, K. Osakada, *J. Organomet. Chem.* **1992**, *428*, 223.

[81] T. Yamamoto, A. Yamamoto, S. Ikeda, *J. Am. Chem. Soc.* **1971**, *93*, 3350.

[82] A. Jutand, *Chem. Rev.* **2008**, *108*, 2300.

[83] C. Amatore, A. Jutand, *J. Am. Chem. Soc.* **1991**, *113*, 2819.

[84] V. Courtois, R. Barhdadi, M. Troupel, J. Périchon, *Tetrahedron* **1997**, *53*, 11569.

[85] A. Klein, S. Hasenzahl, W. Kaim, *Organometallics* **1998**, *17*, 3532.

[86] A. Klein, *Z. anorg. allg. Chem.* **2001**, *627*, 645.

[87] M. P. Feth, A. Klein, H. Bertagnolli, *Eur. J. Inorg. Chem.* **2003**.

[88] A. Klein, A.-K. Schmieder, N. Hurkes, C. Hamacher, A. O. Schüren, M. P. Feth, H. Bertagnolli, *Eur. J. Inorg. Chem.* **2010**.

[89] A. Klein, M. P. Feth, H. Bertagnolli, S. Záliš, *Eur. J. Inorg. Chem.* **2004**.

[90] A. Klein, A. Kaiser, W. Wielandt, F. Belaj, E. Wendel, H. Bertagnolli, S. Záliš, *Inorg. Chem.* **2008**, *47*, 11324.

[91] A. Klein, A. Kaiser, B. Sarkar, M. Wanner, J. Fiedler, *Eur. J. Inorg. Chem.* **2007**.

[92] W. Kaim, B. Sarkar, *Coord. Chem. Rev.* **2007**, *251*, 584.

[93] W. Kaim, T. Scheiring, M. Weber, J. Fiedler, *Z. anorg. allg. Chem.* **2004**, *630*, 1883.

[94] A. Klein, *Rev. Inorg. Chem.* **2000**, *20*, 283.

[95] A. Klein, W. Kaim, F. M. Hornung, J. Fiedler, S. Záliš, *Inorg. Chim. Acta* **1997**, *264*, 269.

[96] M. Schwach, H.-D. Hausen, W. Kaim, *Chem. - Eur. J.* **1996**, *2*, 446.

[97] W. Kaim, *Inorg. Chem.* **1984**, *23*, 3365.

[98] S. Berger, A. Klein, M. Wanner, W. Kaim, J. Fiedler, *Inorg. Chem.* **2000**, *39*, 2516.

[99] A. Klein, V. Kasack, R. Reinhardt, T. Sixt, T. Scheiring, S. Záliš, J. Fiedler, W. Kaim, *J. Chem. Soc., Dalton Trans.*, **1999**.

[100] B. Sarkar, W. Kaim, J. Fiedler, C. Duboc, *J. Am. Chem. Soc.* **2004**, *126*, 14706.

[101] W. Kaim, S. Kohlmann, *Inorg. Chem.* **1987**, *26*, 68.

[102] A. Klein, C. Biewer, C. Hamacher, N. Hurkes, J. Perez Outeiral, E. M. Paniagua, A.-K. Schmieder, A. O. Schüren, P. R. Burma, J. T. Ciszewski, D. A. Vicic, *Eur. J. Inorg. Chem.* **2012**, *14*, 2444.

[103] W. Kaim, A. Klein, M. Glöckle, *Acc. Chem. Res.* **2000**, *33*, 755.

[104] T. Caronna, G. Fronza, F. Minisci, O. Porta, *J. Chem. Soc., Perkin Trans. 2* **1972**.

[105] T. Stahl, V. Kasack, W. Kaim, *J. Chem. Soc., Perkin Trans. 2* **1995**, *12*, 2127.

[106] F. H. Allen, O. Kennard, D. G. Warson, L. Brammer, A. G. Orpen, R. Taylor, *J. Chem. Soc., Perkin Trans. 2* **1987**, *12*, S1.

[107] C. Hamacher, *Reaktivität und Redoxchemie Organometallischer Nickel-Komplexe im Hinblick auf C-C-Knüpfungsreaktionen*, Köln **2011**.

[108] K. Deuchert, S. Hünig, *Angew. Chem. Int. Ed.* **1978**, *17*, 875.

[109] W. Kaim, *J. Organomet. Chem.* **1981**, *215*, 337.

[110] K. B. Wiberg, T. P. Lewis, *J. Am. Chem. Soc.* **1970**, *92*, 7154.

[111] J.-M. Lehn, *Angew. Chem.* **2013**, *125*, 2906.

[112] J.-M. Lehn, *Angew. Chem.* **2015**.

[113] G. D. Jones, J. L. Martin, C. McFarland, O. R. Allen, R. E. Hall, A. D. Haley, R. J. Brandon, T. Konovalova, P. J. Desrochers, P. Pulay, D. A. Vicic, *J. Am. Chem. Soc.* **2006**, *128*, 13175.

[114] T. J. Anderson, G. D. Jones, D. A. Vicic, *J. Am. Chem. Soc.* **2004**, *126*, 8100.

[115] G. D. Jones, C. McFarland, T. J. Anderson, D. A. Vicic, *Chem. Commun.* **2005**, *33*, 4211.

[116] J. T. Ciszewski, D. Y. Mikhaylov, K. V. Holin, M. K. Kadirov, Y. H. Budnikova, O. G. Sinyashin, D. A. Vicic, *Inorg. Chem.* **2011**, *50*, 8630.

[117] D. Naumann, T. Roy, K. F. Tebbe, W. Crump, *Angew. Chem.* **1993**, *105*, 1555.

[118] D. Naumann, W. Tyrra, F. Trinius, W. Wessel, T. Roy, *J. Fluorine Chem.* **2000**, *101*, 131.

[119] Y. Yamaguchi, H. Ichioka, A. Klein, W. W. Brennessel, D. A. Vicic, *Organometallics* **2012**, *31*, 1477.

[120] M. A. Guerra, T. R. Bierschenk, R. J. Lagow, *J. Organomet. Chem.* **1986**, *307*, C58–C62.

[121] W. E. Tyrra, *J. Fluorine Chem.* **2001**, *112*, 149.

[122] A. Klein, D. A. Vicic, C. Biewer, I. Kieltsch, K. Stirnat, C. Hamacher, *Organometallics* **2012**, *31*, 5334.

[123] C. A. Marganian, Vazir, Haresh, Baldya, Narayan, M. M. Olmstead, P. K. Mascharak, *J. Am. Chem. Soc.* **1995**, *117*, 1584.

[124] R. H. Cox, E. G. Janzen, J. L. Gerlock, *J. Am. Chem. Soc.* **1968**, *90*, 5909.

[125] M. Danilczuk, F. D. Coms, S. Schlick, *Fuel Cells* **2008**, *8*, 436.

[126] D. L. Haire, U. M. Oehler, P. H. Krygsman, E. G. Janzen, *J. Org. Chem.* **1988**, *53*, 4535.

[127] Z. Lu, A. Wilsily, G. C. Fu, *Journal of the American Chemical Society* **2011**, *133*, 8154.

[128] C. Hamacher, N. Hurkes, A. Kaiser, A. Klein, A. O. Schüren, *Inorg. Chem.* **2009**, *48*, 9947.

[129] M. Krejčík, M. Daňek, F. Hartl, *J. Electroanal. Chem.* **1991**, *317*, 179.

[130] G. M. Sheldrick, SHELXS-97, *Program for the Solution of Crystal Structures University of Göttingen*, Germany **1997**.

[131] *STOE WinXPow Version 2.24*, STOE & Cie GmbH, Darmstadt ©**2009**.

9. Anhang

Tabelle A1: Atomkoordinaten (10^{-4}) in der Kristallstruktur von 3,5-CF_3-bpip und isotrope Auslenkungsparameter.

Atom	*x / a*	*y / b*	*z / c*	U [Å^2 10^{-3}]
F5'	4064(7)	6455(4)	6626(6)	170(3)
F4'	1888(7)	7381(5)	6881(6)	166(3)
F6'	2892(9)	7283(5)	5450(5)	168(3)
N2'	2829(6)	2654(4)	5554(3)	65,4(14)
N21'	4878(6)	-113(4)	6058(3)	64,1(14)
C23'	4441(7)	957(5)	4453(4)	59,3(15)
C18'	2675(10)	6622(6)	6369(6)	84(2)
C13'	-501(7)	4507(5)	6659(4)	59,7(15)
C11'	1964(7)	3599(5)	5981(4)	54,0(14)
C17'	-2184(10)	4461(8)	7009(6)	89(2)
C15'	1837(8)	5564(5)	6350(4)	61,4(15)
C14'	250(8)	5523(5)	6681(4)	61,6(16)
C22'	4310(7)	860(5)	5508(4)	56,4(14)
C16'	2717(8)	4604(5)	5995(4)	60,6(15)
C12'	359(8)	3552(5)	6300(4)	61,0(15)
C1'	3507(8)	1814(5)	6054(4)	58,6(15)
C3'	3554(13)	1686(7)	7171(5)	122(4)
N21	169(6)	-795(4)	4309(3)	63,7(14)
N2	1927(6)	1654(5)	2711(3)	68,1(15)
C1	1420(8)	635(5)	2959(4)	60,9(16)
C23	476(8)	1078(5)	4729(4)	61,5(16)
C22	642(7)	306(5)	4032(4)	54,6(14)
C16	2226(9)	2827(6)	1031(4)	75,0(19)
C12	4435(9)	1636(5)	1604(4)	73,9(19)
C11	2849(8)	2012(5)	1758(4)	62,6(16)
C3	1565(11)	-267(6)	2272(5)	107(3)
C17	7044(12)	1581(11)	558(7)	119(3)
C13	5384(9)	2024(6)	697(5)	78,3(19)
C15	3191(10)	3223(6)	118(4)	86(2)
C14	4766(10)	2821(6)	-45(5)	88(2)
C18	2565(16)	4077(11)	-666(7)	123(3)
F3'	-2937(8)	5306(8)	7260(12)	295(7)
F2'	-2531(8)	3763(13)	7783(7)	309(8)
F1'	-3024(8)	4105(11)	6490(7)	246(5)
F6	3395(9)	4285(7)	-1525(4)	208(4)
F3	7877(8)	1977(8)	-280(5)	219(4)
F1	7799(9)	1472(11)	1274(6)	246(5)
F4	2032(14)	5043(7)	-384(5)	239(5)
F5	1277(12)	3761(9)	-946(6)	235(5)
F2	7187(9)	442(8)	389(7)	214(4)

Tabelle A2: Anisotrope Auslenkungsparameter [Å 10^{-3}] in der Kristallstruktur von 3,5-CF_3-bpip.

Atom	U_{11}	U_{22}	U_{33}	U_{12}	U_{13}	U_{23}
F5'	99(5)	81(3)	353(9)	-9(3)	-105(5)	-28(4)
F4'	122(5)	119(4)	282(7)	-21(3)	5(4)	-125(5)
F6'	225(7)	99(4)	185(5)	-83(4)	-52(5)	21(4)
N2'	74(4)	60(3)	59(3)	7(3)	2(2)	-17(2)
N21'	75(4)	51(3)	63(3)	15(2)	-5(2)	-13(2)
C23'	64(4)	48(3)	63(3)	12(3)	-6(3)	-10(3)
C18'	74(6)	53(4)	123(6)	-2(4)	-9(4)	-12(4)
C13'	55(4)	58(4)	62(3)	4(3)	1(3)	-10(3)
C11'	55(4)	48(3)	58(3)	6(3)	-4(3)	-12(2)
C17'	62(6)	111(6)	93(5)	-9(5)	21(4)	-38(5)
C15'	56(5)	51(3)	76(4)	5(3)	-7(3)	-12(3)
C14'	64(5)	56(4)	65(3)	14(3)	-8(3)	-20(3)
C22'	52(4)	56(4)	61(3)	4(3)	-3(3)	-15(3)
C16'	54(4)	53(3)	70(3)	3(3)	-2(3)	-7(3)
C12'	62(4)	53(3)	67(3)	-6(3)	2(3)	-15(3)
C1'	68(4)	48(3)	58(3)	5(3)	-5(3)	-9(3)
C3'	188(1)	99(6)	79(4)	74(6)	-36(5)	-34(4)
N21	74(4)	60(3)	52(3)	-12(3)	10(2)	-8(2)
N2	85(4)	68(3)	46(2)	-8(3)	10(2)	-12(2)
C1	69(4)	64(4)	50(3)	-6(3)	-4(3)	-14(3)
C23	76(4)	53(3)	53(3)	-16(3)	8(3)	-10(3)
C22	57(4)	56(3)	50(3)	-7(3)	2(2)	-11(2)
C16	88(6)	77(4)	54(3)	0(4)	2(3)	-9(3)
C12	92(6)	63(4)	55(3)	-2(4)	12(3)	2(3)
C11	80(5)	59(4)	45(3)	-10(3)	4(3)	-5(3)
C3	164(8)	92(5)	66(4)	-57(5)	33(4)	-33(4)
C17	85(8)	179(10)	83(6)	18(7)	23(5)	-33(6)
C13	83(6)	80(4)	64(4)	-5(4)	6(3)	-2(3)
C15	109(7)	89(5)	49(3)	-11(4)	8(4)	6(3)
C14	100(6)	97(5)	54(4)	-10(4)	18(4)	6(3)
C18	134(10)	126(8)	82(6)	26(7)	9(6)	22(5)
F3'	74(5)	193(7)	630(20)	-25(5)	94(8)	-227(11)
F2'	91(6)	502(18)	218(8)	15(7)	48(5)	206(10)
F1'	76(5)	476(16)	220(8)	-84(7)	36(4)	-170(10)
F6	197(7)	264(8)	99(4)	44(6)	26(4)	85(4)
F3	129(6)	277(9)	175(6)	47(5)	75(5)	72(6)
F1	93(5)	500(16)	169(6)	83(7)	-34(4)	-157(8)
F4	429(15)	138(5)	139(5)	114(8)	-91(7)	-14(4)
F5	202(10)	290(12)	188(7)	-25(8)	-98(7)	103(7)
F2	156(7)	205(8)	260(9)	53(6)	30(6)	-66(7)

Tabelle A3: Bindungslängen [Å] in der Kristallstruktur von 3,5-CF_3-bpip.

Atom	Atom	Bindungslänge	Atom	Atom	Bindungslänge
F5'	C18'	1,271(9)	N21	C23[2]	1,324(6)
F4'	C18'	1,288(8)	N21	C22	1,345(7)
F6'	C18'	1,337(8)	N2	C1	1,266(7)
N2'	C11'	1,419(7)	N2	C11	1,416(7)
N2'	C1'	1,239(7)	C1	C22	1,496(7)
N21'	C23'[1]	1,331(6)	C1	C3	1,491(8)
N21'	C22'	1,338(7)	C23	C22	1,383(7)
C23'	C22'	1,391(7)	C16	C11	1,375(8)
C18'	C15'	1,475(9)	C16	C15	1,401(8)
C13'	C17'	1,441(10)	C12	C11	1,378(9)
C13'	C14'	1,393(8)	C12	C13	1,387(8)
C13'	C12'	1,388(8)	C17	C13	1,457(11)
C11'	C16'	1,380(8)	C17	F3	1,274(9)
C11'	C12'	1,370(8)	C17	F1	1,219(10)
C17'	F3'	1,193(9)	C17	F2	1,367(12)
C17'	F2'	1,221(10)	C13	C14	1,377(10)
C17'	F1'	1,210(9)	C15	C14	1,379(10)
C15'	C14'	1,358(8)	C15	C18	1,451(12)
C15'	C16'	1,398(8)	C18	F6	1,258(9)
C22'	C1'	1,489(7)	C18	F4	1,266(11)
C1'	C3'	1,490(8)	C18	F5	1,310(14)

[1]1-X,-Y,1-Z; [2]-X,-Y,1-Z

Tabelle A4: Bindungswinkel [°] in der Kristallstruktur von 3,5-CF_3-bpip.

Atom	Atom	Atom	Bindungswinkel	Atom	Atom	Atom	Bindungswinkel
C1'	N2'	C11'	124,1(5)	C22	N21	C23[2]	116,2(4)
C22'	N21'	C23'[1]	116,7(4)	C11	N2	C1	122,1(5)
C22'	C23'	N21'[1]	123,0(5)	C22	C1	N2	117,2(5)
F4'	C18'	F5'	108,1(8)	C3	C1	N2	125,1(5)
F6'	C18'	F5'	104,0(7)	C3	C1	C22	117,6(5)
F6'	C18'	F4'	99,3(7)	C22	C23	N21[2]	122,8(5)
C15'	C18'	F5'	116,5(6)	C1	C22	N21	117,2(4)
C15'	C18'	F4'	115,5(7)	C23	C22	N21	120,9(4)
C15'	C18'	F6'	111,5(7)	C23	C22	C1	121,8(5)
C14'	C13'	C17'	119,1(6)	C15	C16	C11	119,6(7)
C12'	C13'	C17'	120,4(6)	C13	C12	C11	120,4(6)
C12'	C13'	C14'	120,4(6)	C16	C11	N2	120,5(6)
C16'	C11'	N2'	119,6(5)	C12	C11	N2	119,3(6)
C12'	C11'	N2'	120,1(5)	C12	C11	C16	119,8(5)
C12'	C11'	C16'	120,1(5)	F3	C17	C13	116,2(9)
F3'	C17'	C13'	120,2(8)	F1	C17	C13	118,9(7)
F2'	C17'	C13'	114,8(8)	F1	C17	F3	111,9(11)
F2'	C17'	F3'	98,8(9)	F2	C17	C13	111,7(10)

F1'	C17'	C13'	119,0(7)	F2	C17	F3	95,0(8)
F1'	C17'	F3'	102,9(11)	F2	C17	F1	98,9(11)
F1'	C17'	F2'	97,1(10)	C17	C13	C12	118,5(7)
C14'	C15'	C18'	120,6(6)	C14	C13	C12	120,3(7)
C16'	C15'	C18'	118,4(6)	C14	C13	C17	121,2(7)
C16'	C15'	C14'	121,1(6)	C14	C15	C16	120,5(7)
C15'	C14'	C13'	119,0(5)	C18	C15	C16	120,9(8)
C23'	C22'	N21'	120,3(4)	C18	C15	C14	118,6(7)
C1'	C22'	N21'	118,3(5)	C15	C14	C13	119,4(6)
C1'	C22'	C23'	121,3(5)	F6	C18	C15	118,7(9)
C15'	C16'	C11'	119,5(6)	F4	C18	C15	114,7(10)
C11'	C12'	C13'	119,9(6)	F4	C18	F6	108,7(10)
C22'	C1'	N2'	118,0(5)	F5	C18	C15	113,3(10)
C3'	C1'	N2'	124,3(5)	F5	C18	F6	99,2(11)
C3'	C1'	C22'	117,7(5)	F5	C18	F4	99,5(11)

[1]1-X,-Y,1-Z; [2]-X,-Y,1-Z

Tabelle A5: Atomkoordinaten (x10^{-4}) und äquivalente isotrope Auslenkungsparameter der H-Atome in der Kristallstruktur von 3,5-CF_3-bpip.

Atom	*x / a*	*y / b*	*z / c*	U [Å^2 10^{-3}]
H2'	2886(6)	2664(4)	4909(3)	78,5(17)
H23'	4033(7)	1642(5)	4089(4)	71,2(18)
H14'	-326(8)	6164(5)	6919(4)	73,9(19)
H16'	3803(8)	4643(5)	5769(4)	72,8(18)
H12'	-152(8)	2880(5)	6276(4)	73,1(18)
H3'a	2960(70)	2340(30)	7434(11)	183(5)
H3'b	3090(80)	970(30)	7504(8)	183(5)
H3'c	4639(15)	1670(60)	7294(6)	183(5)
H2	1704(6)	2145(5)	3135(3)	81,7(18)
H23	832(8)	1828(5)	4513(4)	73,8(19)
H16	1171(9)	3114(6)	1146(4)	90(2)
H12	4871(9)	1119(5)	2112(4)	89(2)
H3a	2060(70)	60(20)	1607(14)	161(5)
H3b	2200(60)	-940(20)	2540(30)	161(5)
H3c	524(11)	-500(40)	2230(40)	161(5)
H14	5405(10)	3087(6)	-651(5)	106(3)

Erklärung

Ich versichere, dass ich die von mir vorgelegte Dissertation selbstständig angefertigt, die benutzten Quellen und Hilfsmittel vollständig angegeben und die Stellen der Arbeit – einschließlich Tabellen, Karten und Abbildungen - , die anderen Werken im Wortlaut oder dem Sinn nach entnommen sind, in jedem Einzelfall als Entlehnung kenntlich gemacht habe; dass diese Dissertation noch keiner anderen Fakultät oder Universität zur Prüfung vorgelegen hat; dass sie – abgesehen von unten angegebenen Teilpublikationen – noch nicht veröffentlicht worden ist sowie, dass ich eine solche Veröffentlichung vor Abschluss des Promotionsverfahrens nicht vornehmen werde. Die Bestimmungen dieser Promotionsordnung sind mir bekannt. Die von mir vorgelegte Dissertation ist von Prof. Dr. A. Klein betreut worden.

Ich versichere, dass ich alle Angaben wahrheitsgemäß nach bestem Wissen und Gewissen gemacht habe und verpflichte mich, jedmögliche, die obigen Angaben betreffenden Veränderungen, dem Dekanat unverzüglich mitzuteilen.

Datum Unterschrift

Teilpublikationen

A Five-Coordinate Nickel(II) Fluoroalkyl Complex as a Precursor to a Spectroscopically Detectable Ni(III) Species, Cheng-Pan Zhang, Huan Wang, Axel Klein, Christian Biewer, Kathrin Stirnat, Yoshitaka Yamaguchi, Long Xu, Valente Gomez-Benitez, David A. Vicic, J. Am. Chem. Soc., **2013**, 135 (22), 8141–8144.

Tracing the Iron Nitrosyl Complex $[Fe(2,2'\text{-bipyridine})(CN)3(NO)]^-$, Ana Foi, Florencia Di Salvo, Fabio Doctorovich, Tapashi G. Roy, Kathrin Stirnat, Christian Biewer, Axel Klein, Europ. J. of Inorg. Chem., 2015, 1033-1040.

PERSÖNLICHE DATEN

Name:	Kathrin Stirnat
Anschrift:	Gustavstr. 4
	50937 Köln
	Telefon: 0221 56093319
	E-Mail: kstirnat@gmail.com
Geburtsdatum und -ort:	14.10.1985 Wickede (Ruhr)
Staatsangehörigkeit:	Deutsch
Familienstand:	ledig, keine Kinder

SCHULISCHE AUSBILDUNG

1996-2005	Franz-Stock-Gymnasium, Arnsberg, Abschluss: Abitur

STUDIUM

10/2005-02/2011	Universität zu Köln
	Chemie, Diplom bei Prof. Dr. Axel Klein
seit 03/2011	Universität zu Köln
	Chemie, Promotion bei Prof. Dr. Axel Klein

BERUFLICHER WERDEGANG

10/2010-03/2011	Studentische Hilfskraft, Universität zu Köln
04/2011-06/2014	Wissenschaftliche Hilfskraft, Universität zu Köln
07/2014-12/2015	Wissenschaftlicher Mitarbeiter, Universität zu Köln

SPRACHKENNTNISSE

Deutsch (Muttersprache), Englisch (verhandlungssicher), Spanisch (Grundkenntnisse)